第一次全国自然灾害综合风险普查培训教材

海洋灾害风险调查与评估

国务院第一次全国自然灾害综合风险普查领导小组办公室　编著

应急管理出版社

·北　京·

内　容　提　要

　　本书详细介绍了海洋灾害致灾调查与评估、重点隐患调查与评估、风险评估与区划和防治区划定三项任务的具体内容；明确了数据与成果审核汇交的任务分工、工作要求和审核流程。共涉及风暴潮、海浪、海冰、海啸、海平面上升5个灾种，并分为国家、省、县3个空间尺度。从调查和评估两个方面进行了讲解，调查部分给出了调查操作流程和调查表填报说明；评估部分给出了评估操作流程，明确了评估结果，展示了调查表示例和评估成果示例。

　　本书主要用于自然资源（海洋）部门开展海洋灾害风险调查与评估技术规范解读、培训，供基层调查人员和技术人员使用。

本书编写组

主　　编　陶荣幸　刘　强
副 主 编　张　尧　石先武
编写人员　刘　珊　黄婉茹　侯　放　侯京明　董军兴
　　　　　黎　舸

序　　一

我国是世界上自然灾害最为严重的国家之一，灾害种类多、分布地域广、发生频率高、造成损失重，这是一个基本国情。党中央、国务院历来高度重视自然灾害防治工作，2018 年 10 月 10 日，习近平总书记主持召开中央财经委员会第三次会议，专题研究提高自然灾害防治能力，强调要开展全国自然灾害综合风险普查。按照党中央、国务院决策部署，国务院办公厅印发通知，定于 2020 年至 2022 年开展第一次全国自然灾害综合风险普查，成立了由国务院领导同志任组长的普查工作领导小组，县级以上地方各级人民政府设立相应的普查领导小组及其办公室，按照"全国统一领导、部门分工协作、地方分级负责、各方共同参与"的原则组织实施。

全国自然灾害综合风险普查遵循"调查–评估–区划"的基本框架开展，调查是基础、评估是重点、区划是关键。普查涉及范围广、参与部门多、协同任务重、工作难度大，第一次开展地震灾害、地质灾害、气象灾害、水旱灾害、海洋灾害、森林和草原火灾六大类自然灾害风险要素调查、风险评估和区划的全链条普查；第一次实现致灾部门数据和承灾体部门数据有机融合，推动部门数据共享共用，助力灾害风险管理；第一次在统一的评估区划技术体系下开展工作，形成较为完整的自然灾害综合风险评估与区划技术体系。

"工欲善其事，必先利其器。"此次普查工作是中华人民共和国成立后首次开展的自然灾害综合风险普查，没有现成模式可套、没有现成经验可循、没有现成路子可走，普查的过程本身就是一个探索创新、积累经验、推动工作的过程。本次普查涉及主体多，国家、省、市、县、乡、村都有普查队伍，各地基础不同，但技术规范和工作目标一致。在这样的情况下，一套专业、权威的教材尤为重要，它不仅仅是普查海量知识呈现的载体，同时也是普查工作者的实操指南。每一本教材都是创新的成果，都凝结着教材编著人员的辛勤汗水，承载着广大普查工作者的期盼。这套教材的编著者均为不同部门、不同领域的专家，同时也是本次普查工作的设计者、推动者和实践者，他们以高度的政治责任感和使命感，以及科学严谨的工作作风，为普查工作倾注了大量心血、汗水和智慧。我谨向他们表示崇高的敬意和衷心的感谢！

这套教材有统有分，注重理论知识与实践操作的紧密结合，突出了科学性、专业性和实用性。希望广大普查工作者能在其中汲取知识，学有所思、学有所获，也希望各级普查办和行业单位能在普查培训中用好这套教材。

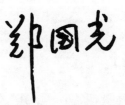

国务院第一次全国自然灾害综合风险普查

领导小组办公室主任

二〇二一年十二月

序　　二

为全面掌握我国自然灾害风险隐患情况，提升全社会抵御自然灾害的综合防范能力，经国务院同意，定于2020年至2022年开展第一次全国自然灾害综合风险普查工作。全国自然灾害综合风险普查是一项重大的国情国力调查，是提升自然灾害防治能力的基础性工作。通过开展普查，摸清全国自然灾害风险隐患底数，查明重点地区抗灾能力，客观认识全国和各地区自然灾害综合风险水平，为中央和地方各级人民政府有效开展自然灾害防治工作、切实保障经济社会可持续发展提供权威的灾害风险信息和科学决策依据。

第一次全国自然灾害综合风险普查是多灾种、系统性和综合性的普查，涉及范围广、参与部门多、协同任务重、工作难度大。对普查工作人员开展广泛的业务培训，建设一支素质高、业务精的普查工作队伍，是保障本次普查工作质量的前提和基础。为提高培训效果，规范普查数据采集、评估与区划工作，确保普查数据和成果质量，国务院第一次全国自然灾害综合风险普查领导小组办公室（简称国务院普查办）精心策划，组织自然灾害风险相关领域专家，围绕《第一次全国自然灾害综合风险普查实施方案（修订版）》，通力合作，编写完成了系列培训教材。本套培训教材体系完整、内容全面，既独立成册又相互补充，形成了较为完整的自然灾害综合风险普查培训教材体系。

参与这次自然灾害综合风险普查培训教材编写工作的人员多，既有应急、地震、自然资源（地质灾害、海洋灾害）、水利、气象、林草、住建、交通等部门的工作人员、技术支撑单位专家，又有相关高校和科研院所的专家学者，还有参与普查试点工作的普查人员。他们需要详细研究吃透实施方案，又要收集整理资料、补充案例；既要体现专业水准，又要满足通俗易懂的需求，为此付出了大量辛勤劳动。教材凝聚了所有编写人员的心血和智慧。在此，谨向所有参编人员表示由衷的敬意和诚挚的感谢！

本套培训教材在编写过程中，始终贯彻以下宗旨。一是通俗易懂，操作性强。以服务普查员为根本目的，突出实用性。教材以好学、易懂、操作性强为原则，简明扼要、浅显易懂地阐述普查内容、技术和方法，避免学术化和理论化表述。二是图文并茂、例证丰富。教材针对普查内容专业性较强的特点，将普查内容、流程、步骤利用图表和文字清晰表达出来，对于一些难点问题教材中引用了实例进行阐释。三是标准统一、特色鲜明。各教材在章节结构、格式体例、出版风格上标准统一，内容又各具特色、完整准确。

本套培训教材在编写完成后，按照国务院普查办安排部署，经主持编写单位专家审核后，由国务院普查办技术组组织全体专家审查，再由国务院普查办主任办公会审定，做到了层层把关，确保了教材培训的质量。

本套培训教材是自然灾害综合风险普查培训的权威工具书，是各级普查人员的重要参考材料，是社会公众了解自然灾害综合风险普查的窗口。希望广大的自然灾害综合风险普查工作人员用好本套培训教材，准确地把握普查的内容和要求。

　　自然灾害综合风险普查培训教材是第一次编写，教材中的一些不足之处，需在普查实施过程中不断修改和完善。书中疏漏和不妥之处，敬请读者批评指正。

国务院第一次全国自然灾害综合风险普查领导小组办公室技术组组长

应急管理部-教育部　减灾与应急管理研究院副院长

北京师范大学地理科学学部教授

二○二一年十一月

前　　言

2020 年 6 月 8 日，国务院办公厅印发《关于开展第一次全国自然灾害综合风险普查的通知》，全面部署 2020 年至 2022 年第一次全国自然灾害综合风险普查工作，广泛涉及地震灾害、地质灾害、气象灾害、水旱灾害、海洋灾害、森林和草原火灾等方面，成立了国务院第一次全国自然灾害综合风险普查领导小组。按照党中央、国务院决策部署，为全面掌握我国海洋灾害风险隐患情况，提升全社会抵御自然灾害的综合防范能力，开展海洋灾害风险调查与评估工作。

本次海洋灾害风险调查与评估工作包括致灾调查与评估、重点隐患调查与评估、风险评估与区划和防治区划定，涉及风暴潮、海浪、海冰、海啸、海平面上升 5 个灾种，聚焦海岸防护工程、渔港、海水养殖区、滨海旅游区等主要承灾体，分为国家、省、县 3 个空间尺度以及前期试点和全面普查 2 个时间阶段。普查工作按照"全国统一领导、部门分工协作、地方分级负责、各方共同参与"的原则组织实施，国家各行业部门负责顶层设计和总体协调指导，各省级人民政府作为落实本地区海洋灾害风险普查工作的责任主体。

按照自然资源部海洋预警监测司的部署，自然资源部海洋减灾中心牵头联合国家海洋环境预报中心、国家海洋信息中心、国家海洋标准计量中心、自然资源部各海区局等技术单位，编制了《全国海洋灾害风险普查实施方案》以及隐患调查、风险评估、质检核查等各项技术规范；完成了普查信息系统的建设和部署运行，不断健全普查工作机制，探索形成了"国家统一部署，部门专业指导，省级统筹推进，市县具体落实"的实施模式。为加强跨部门、不同层级、不同地区的协调沟通，建立了工作月报制度；成立了全国海洋灾害风险普查工作联络组和技术联络组，遴选组建国家层面专家组，较好地完成了 14 个沿海县海洋灾害风险普查试点工作。为有效推进海洋灾害风险普查培训工作，总结试点经验，撰写本书，方便有关技术人员进一步学习。

本书编写组

2021 年 9 月

目　　次

第 一 章　任 务 和 内 容

第一节　对 象 与 范 围

一、普查对象

（一）灾害种类

包括风暴潮、海浪、海啸、海平面上升和海冰灾害。未列出的灾害种类不在本次普查范围之内。

（二）承灾体种类

受海洋灾害影响的主要承灾体，包括海水养殖区、渔港、海岸防护工程及滨海旅游区等。

二、普查时空范围

本次海洋灾害风险调查与评估实施范围为沿海 11 个省（自治区、直辖市）。地方各级相关部门在按照实施方案完成相关任务的前提下，根据其主要灾害种类及其次生衍生灾害特征、区域自然地理特征和经济发展水平，可适当增加调查与评估的内容，提高调查与评估精度。

根据调查内容分类确定普查时段（时点）。致灾因子调查依据不同灾害类型特点，调查收集 30 年以上长时间连续序列的数据资料，相关信息更新至 2020 年 12 月 31 日；承灾体和重点隐患调查时点为 2020 年 12 月 31 日，历史灾害调查时段主要为 1978—2020年。

第二节　任务及主要内容

一、方案编制及开展试点

编制海洋灾害风险普查实施方案，建立各级普查工作机制，落实普查人员和队伍。开展天津市滨海新区，辽宁省凌海市，浙江省苍南县，福建省同安区、南安市，山东省崂山区、东港区、岚山区、沾化区、无棣县，广东省南澳县，广西壮族自治区东兴市，海南省文昌市、万宁市14个沿海县（市、区）普查试点工作，以验证、完善相关技术规范。

二、致灾调查与评估

建立海洋灾害危险性评估技术方法，针对沿海区域，全面调查5个种类海洋灾害致灾孕灾情况，进一步掌握各类海洋灾害时空分布特征和发展趋势。对已有的海洋灾害危险性评估相关工作基础进行梳理和优化，客观量化评估海洋灾害危险性，形成国家尺度不低于1：100万、省尺度不低于1：25万、县尺度不低于1：5万海洋灾害危险性分布图，为海洋灾害风险评估与区划以及防治区（重点防御区）划定提供支撑。

三、重点隐患调查与评估

建立海洋灾害重点隐患调查与评估技术方法，全面调查、掌握全国沿海各类海洋灾害隐患底数，调查隐患区（点）的基本类型、位置、规模、灾害风险及属性。针对致灾孕灾、主要承灾体两个类别的隐患，向陆一侧以海洋灾害漫滩、漫堤、溃堤、管涌等海岸防护及淹没隐患为重点，向海一侧以脆弱性和灾害损失较高的海水养殖区受灾隐患、渔港防台防浪隐患、滨海旅游区致灾隐患等为重点，开展重点隐患调查，对隐患区（点）的风险等级和可能影响后果等进行评估，形成海洋灾害重点隐患表单及重点隐患分布图，进一步促进海洋灾害隐患防治。

四、风险评估与区划

修订和完善海洋灾害风险评估与区划和防治区（重点防御区）划定等技术方法，系统调查掌握沿海地区区域脆弱性等级，在致灾调查与评估工作成果基础上，开展海洋灾害风险评估与区划，形成国家尺度不低于 1：100 万、省尺度不低于 1：25 万、县尺度不低于 1：5 万海洋灾害风险单要素地图和海洋灾害风险图。结合隐患调查与评估结果，开展海洋灾害防治区（重点防御区）划定，形成国家、省、县尺度海洋灾害风险评估与区划以及海洋灾害防治区（重点防御区）系列图。

五、质量控制与成果审核汇交

为保障普查成果的科学性、客观性、完整性，全面加强质量监督审核工作，建立质量控制和成果审核工作机制。依据全国自然灾害综合风险普查成果质检与核查、汇交、审核、验收等制度，建立完善海洋灾害风险普查质控审核相关管理办法和技术细则，重点对调查数据、评估结果、风险制图等成果质量做好审核把关，在软件系统建设中设计开发必要的功能和工具，支撑质量管理工作开展。各级组织实施主体严格按照相关办法和标准开展质量控制和成果审核，实现各级普查成果的高质量汇交。

六、信息系统建设与部署

建设与部署海洋灾害普查信息系统，充分利用现有信息系统和数据库基础，建立国家、省、市、县四级海洋灾害普查软件系统和数据平台，形成自然资源（海洋）行业内逐级纵向分发、汇交、审核和到普查办的横向交换、汇集的标准化、兼容性流程架构，实现数据及成果的采集统计、分析核查、查询展示、辅助决策等功能。

七、培训与宣传

通过系统全面的培训工作，使全体工作人员深刻认识到该项工作的重要性，切实增强责任感和使命感，建设一支专业、高效、文明的普查队伍，使相关技术人员深入了解风险普查的目标、主要任务、普查的范围、内容以及主要的技术路线，掌握普查工作各项任务的工作流程、步骤、技术方法、质量控制方法以及成果审核汇交形式，为风险普查项目顺利开展提供人员保障和技术支撑。

第三节 技 术 规 范

海洋灾害隐患调查评估涉及的技术规范包括以下四项。

（1）《海洋灾害重点隐患调查评估技术规范—海岸防护》。

（2）《海洋灾害重点隐患调查评估技术规范—渔港》。

（3）《海洋灾害重点隐患调查评估技术规范—海水养殖区》。

（4）《海洋灾害重点隐患调查评估技术规范—滨海旅游区》。

海洋灾害风险评估涉及的技术规范包括以下七项。

（1）《风暴潮灾害防治区（重点防御区）划定技术规范》。

（2）《风暴潮灾害风险评估和区划技术规范》。

（3）《风暴潮灾害应急疏散图制作技术规范》。

（4）《海浪灾害风险评估和区划技术规范》。

（5）《海啸灾害风险评估和区划技术规范》。

（6）《海冰灾害风险评估和区划技术规范》。

（7）《海平面上升灾害风险评估和区划技术规范》。

质量控制和成果审核涉及的规范包括以下两项。

（1）《全国海洋灾害风险普查质量控制方案》。

（2）《全国海洋灾害风险普查数据与成果质量审核规范》。

第二章 基本实施流程

第一节 海洋灾害致灾调查与评估
实 施 流 程

自然资源部负责开展国家尺度5个种类海洋灾害致灾孕灾要素调查和危险性评估。

省级、县级海洋减灾主管部门负责组织收集辖区内各代表站长时间序列潮位、逐时增水和海平面等数据，形成危险性评估数据集；利用调查数据采用相关模型计算，评估省尺度5灾种危险性及县尺度风暴潮和海啸灾害危险性，编制省尺度和县尺度危险性等级分布图。海洋灾害致灾调查与评估工作流程如图2-1所示。

一、风暴潮

从我国沿海海洋、水文代表站收集整理实测潮位值，通过调和分析等手段得到天文潮数据、增水数据，并统计过程最大增水、最高潮位。从临时验潮站收集整理潮位值，按照《海洋观测规范 第2部分：海滨观测》（GB/T 14914.2—2019）中的一般和分类规范进行处理。包括对观测数据进行质量控制，根据观测资料的特点、变化范围，进行一般性检验；对观测格式等进行非法码检验；进行相关要素的相关性检验以及统计特性检验；进行水文气象观测数据的标准化处理；对数据进行分类分级，形成标准数据集。收集区域警戒潮位核定结果中的警戒潮位值。

5

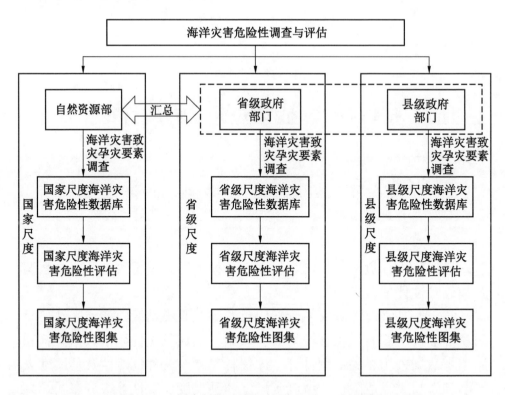

图 2-1　海洋灾害致灾调查与评估工作流程图

二、海浪

海浪致灾调查与评估包括海浪致灾观测要素调查和海浪灾害危险性评估。鉴于海上观测资料稀缺，海浪致灾调查与评估工作是以海浪再分析数据为基础进行开展的。具体流程如下：

（1）收集整理中国近海基础地理信息数据集和海浪历史观测数据。

（2）选取合适的海浪数值模型，利用基础地理信息数据，通过后报实验、海浪参数化调优建立一套适合中国近海的海浪数值模型。

（3）采用再分析风场作为驱动场，利用中国近海海浪数值模型可初步构建海浪再分析数据集。选取合适的观测数据，通过海浪观测数据的时空插值与数据融合最终形成中国近海海浪历史再分析数据集。

（4）以中国近海海浪再分析历史数据集为基础，统计目标海域海浪要素特征，进行海浪典型重现期计算、海浪危险性指数计算，并最终形成海浪灾害危险性评估和区划图集。具体流程如图2-2所示。

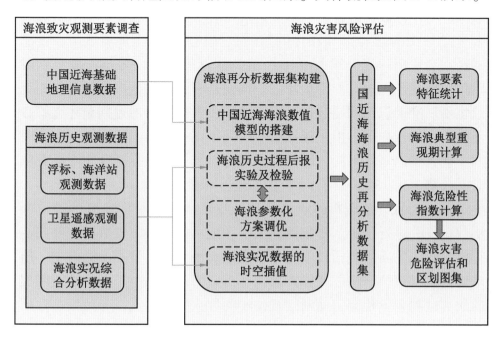

图 2-2 海浪致灾调查与评估流程图

三、海啸

海啸致灾调查与评估包括海啸致灾观测要素调查和海啸危险性评估。开展海啸致灾调查，获取历史海啸典型潮位站的连续海啸波动数据，分析我国周边海域地质构造，得出潜在的地震海啸源及参数。通过海量数值计算，评估潜在海啸源对我国的影响，明确海啸灾害对我国的影响程度以及重点防御区。

收集 1978—2020 年间的地震海啸相关资料，通过数据订正，统计整理，进行地震断层及震源危险分析以及历史海啸典型潮位站水位分析，调查研究海啸灾害致灾要素。

（1）海啸水位站实测数据的收集整理。收集海啸发生时近海海洋站逐分钟潮位观测数据，对数据进行转码形成标准格式数据集。收集1978年以来，全球海啸事件的全球1249个潮位站的过程数据。

（2）海啸浮标数据的收集整理。收集海啸发生时海啸浮标观测数据，对浮标数据进行转码形成标准格式数据集。收集1978年以来，太平洋海域60多个海啸浮标的监测数据。由于海上环境恶劣，传感器经常会输出一些极端大（小）值，其可靠性难以分辨，极个别时段传感器会产生短时的零点漂移。即便是有经验的预报员仅凭观测记录也不易准确识别问题数据，须结合地震事件数据通过判断才能筛查出数据中的奇异值。由于浮标布放时间不同，所属国家不同，中断时间不同，编码格式不同，因此数据需进行质控和数据融合。浮标观测时间分辨率为15 min，有海啸事件时会加密到15 s。

（3）海底地质资料的收集整理。收集西北太平洋地区的地质断层数据，并进行分析。收集西北太平洋地区的板块位置数据，并归档存储。收集的断层包括日本海沟、马里亚纳海沟、日本南海海槽、琉球海沟、马尼拉海沟、菲律宾海沟、爪哇海沟等。由于每个地质断层的研究资料各不相同，而断层又位于西北太平洋海域，导致大多数研究资料是国外资料，国内研究机构只有少量的论文和资料，所以需协调国内、国外的多家研究机构进行资料收集。

（4）历史海啸数据的收集整理。收集美国历史海啸数据库数据，对数据进行转码形成标准格式数据集；收集历史文献中的历史海啸资料。对数据集进行质量控制，去掉奇异值。收集1978年以来，西北太平洋海域的历史海啸数据。目前，全球海啸数据库包含有美国数据库和俄罗斯数据库两家。由于海啸事件是小概率事件，数据记录并不全面，需参考其他研究资料进行补充验证，确定海啸事件的真实性。主要地震参数包括：地震事件基本描述以及震中位置、发震时间、震源深度、震级、发震断层长度、宽度、滑动角、走向角、倾角、断层滑动量、死亡人数、失踪人数、最大海啸波、损失房屋、经济损失等。

（5）历史地震数据的收集整理。收集美国地质调查局历史海啸数据，对数据进行转码形成标准格式数据集；收集历史文献中的历史地震资料。对数据集进行质量控制，去掉奇异值。收集 1978 年以来，西北太平洋海域 7 级以上海底地震数据。近现代的地震观测仪器是 20 世纪 70 年代才开始布放，而且相关的震源机制解数据也不完全，因此，地震数据除了收集地震观测仪器里的数据外，需整理相关研究资料进行补充。对这些事件的震源位置、震级、震源深度、发生时间、走向角、倾角、滑动角等参数进行统计分析。地震事件发生位置和大小的不同，各地震的震级类型也不相同，地震类型包括局地震级 Ml、矩震级 Mw、面震级 Ms、体波震级 Mb 等。

四、海平面上升

海平面上升致灾调查与评估工作根据《海平面上升灾害风险评估和区划技术规范》从国家级和省级 2 个尺度开展各项工作。自然资源部负责组织开展国家尺度海平面上升致灾孕灾、历史灾害等工作，并负责指导地方开展海平面上升调查与评估区划工作，协助指导历史灾害与行业减灾资源（能力）调查。沿海 11 个省（自治区、直辖市）人民政府负责组织开展本地区海平面上升致灾调查与评估工作。

海平面上升致灾调查与评估工作按照如下流程开展。

（1）前期准备工作。制订海平面上升调查工作计划，明确调查内容、调查方法、进度安排、人员分工等；开展调查人员技术培训工作，为保质保量完成调查工作提供技术保障；开展普查信息系统中海平面上升调查评估部分建设工作，为国家和省级尺度调查与评估工作提供统一的信息平台。

（2）海平面上升致灾调查工作。依据《全国灾害综合风险普查总体方案》和《全国灾害综合风险普查实施方案》中对海平面上升调查与评估工作的要求，开展国家和省级尺度的调查工作，完成实地调查和数据采集、调查成果处理、调查成果逐级校核、调查成果在线填报与汇交等工作。

（3）调查成果质检与核查工作。按照分类校验规则，对海平面上升危险性调查数据以及海平面上升相关承灾体、历史灾害、综合减灾资源（能力）等综合要素的调查数据的质量进行检查和评价，包括对各类调查要素的空间矢量信息及灾害风险属性信息的正确性、完整性、规范性、逻辑一致性等进行检查。

（4）危险性评估工作。按照《海平面上升灾害风险评估和区划技术规范》中危险性评估方法和流程，综合利用海平面上升调查成果、承灾体调查成果和基础地理信息数据，考虑海平面上升、潮汐特征等危险性指标，获取各评估单元的指标值，利用分级赋值法和加权平均法计算各评估单元的危险性指数值。

（5）海平面上升风险区划工作。按照新修订的《海洋灾害风险评估和区划技术导则　第5部分：海平面上升》，围绕海平面上升风险中危险性指标和脆弱性指标，开展海平面上升风险区划工作。国家级尺度海平面上升风险区划以区县级行政区划为评估单元开展，省级尺度以乡镇行政区划为评估单元开展。

（6）成果制作。按照《全国灾害综合风险普查总体方案》《全国灾害综合风险普查实施方案》要求，制作海平面上升调查数据成果、标准规范成果、图件成果以及技术报告、工作报告等成果。数据成果应满足方案、规范中对成果质量和数量的要求；国家尺度区划图件比例尺不低于1：100万，省尺度区划图件比例尺不低于1：25万；海平面上升风险评估和区划技术报告应严格按照《海洋灾害风险评估和区划技术导则　第5部分：海平面上升》中规定的报告格式编写。

（7）成果审核与提交。国家尺度海平面上升调查与评估承担单位通过"全国海洋灾害风险普查信息系统数据平台"，将成果提交到自然资源部节点；省级尺度成果由地方承担单位通过"全国海洋灾害风险普查信息系统数据平台"提交给省级节点，由省级自然资源（海洋）主管部门对成果进行审核后，统一提交给自然资源部；自然资源部审核汇集国家尺度、省级尺度成果，按要求统一汇交全国海洋灾害普查成果。

五、海冰

海冰致灾调查与评估工作的组织分工和实施流程，应根据《海冰灾害风险评估和区划技术导则》，并按照《全国灾害综合风险普查实施方案》中致灾调查与评估工作的要求来开展，分为国家和省两个尺度开展。

国家尺度的海冰灾害致灾调查与评估工作由海区自然资源和海洋主管部门负责开展。沿岸以地（市）级行政区域岸段为基本评估单元进行评估；海上根据我国结冰海区的油田（群）及石油平台实际分布状况，将结冰海区海上油气开采区（主要是渤海）划分为辽东湾北部、辽东湾南部、渤海湾北部、渤海湾西部、渤海湾南部及黄河三角洲、渤海中部以及莱州湾东部7个基本评估单元进行评估。

省尺度的海冰灾害致灾调查与评估工作由辽宁省、河北省、天津市和山东省的自然资源和海洋主管部门负责开展相关工作。以近岸及12 n mile以内海域以县（市、区）级行政区域为基本评估单元进行调查评估。

国家和省尺度的海冰灾害致灾调查与评估工作主要包括历史灾情数据整理分析和致灾孕灾要素调查两个环节。

第二节 海洋灾害重点隐患调查与评估实施流程

一、任务分工

自然资源部负责海洋灾害重点隐患调查工作的总体指导和顶层设计，制定排查工作方案和相关技术标准，开展海洋灾害隐患评估和调查关键技术研究工作，汇总及编制全国海洋灾害重点隐患调查成果。自然资源部各海区局负责本海区技术指导和任务监督。

沿海各省级政府牵头，所属省级自然资源（海洋）主管部门负责本省的海洋灾害重点隐患调查工作的实施，结合地方实际分解落实工作方案和实施计划，细化各项任务到地区、到年度、到部门，负责组织开展工作进度及成果的审查。各沿海县级政府负责具体实施，依照工作方案和相关技术规范开展海洋灾害隐患调查工作，编制排查成果并上报省级政府。

自然资源部本级负责设计编制全国海洋灾害隐患排查工作方案，开展相关技术研究和调查，制定隐患调查评估相关技术规范，自然资源部各海区局负责本海区技术指导和任务监督。

省级政府整合、分析、审查本省隐患调查成果，征求相关行业部门意见，形成省级隐患数据表单及数据集，并制作省级隐患空间分布图，汇交至部本级。

县级政府负责按照各项隐患调查要求对辖区内的海洋灾害隐患进行调查，形成县级隐患数据表单和空间分布图，上报省级政府。

自然资源部本级对全国隐患调查数据及成果进行汇总整合，最终形成全国隐患数据表单，绘制全国隐患调查相关图件。

二、工作流程

海洋灾害隐患调查范围为海岸带区域，向陆一侧延伸至海拔 10 m 等高线，而且纵深不超过 10 km，重点河口区域延伸覆盖沿海县（市、区）全域；向海一侧延伸至领海基线，按照《海洋灾害重点隐患调查评估技术规范—海岸防护》《海洋灾害重点隐患调查评估技术规范—海水养殖区》《海洋灾害重点隐患调查评估技术规范—渔港》《海洋灾害重点隐患调查评估技术规范—滨海旅游区》开展工作，隐患调查与评估工作流程如图 2-3 所示，具体如下。

（1）资料收集。获取沿海防护工程（海堤）、重点调查的承灾体、地理信息、海洋观测、历史灾害等基础资料数据。

（2）补充调查。在资料收集和分析的基础上，参照《海洋灾害承灾体调查技术规程》和隐患调查系列技术规范等，对不能满足调查要求的数据开展现场补充调查。

（3）隐患区（点）确定。海洋灾害隐患调查充分考虑海洋灾害影响特征及排查区域工程防护能力及重要承灾体分布，应用相关技术方法和规范，以点面结合方式确定海洋灾害隐患区（点）。

（4）成果核验。海洋灾害隐患区域确定后，应逐级核验，征求地方相关行业部门意见，结合实地踏勘和历史灾情比对，核验并修正完善隐患调查成果。

（5）成果分析整合。整合分析隐患调查成果，形成隐患数据表单及数据集，并将其空间化形成隐患空间分布图。编制调查技术报告和隐患清单。

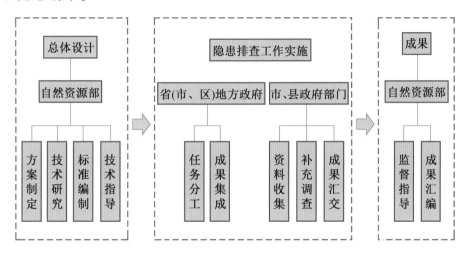

图 2-3　隐患调查与评估工作流程图

三、成果汇交

（1）数据成果：国家尺度、省尺度、县尺度海洋灾害重点隐患排查数据库。

（2）图件成果：国家尺度、省尺度、县尺度海洋灾害重点隐患空间分布图。

（3）文字报告成果：国家尺度、省尺度、县尺度海洋灾害重点隐患调查工作报告。国家尺度、省尺度、县尺度海洋灾害重点隐患调查技术报告。

第三节　海洋灾害风险评估与区划实施流程

自然资源部负责开展国家尺度 5 个种类海洋灾害风险评估和区划。

省、县级部门负责组织开展省尺度和县尺度脆弱性评估，并结合危险性评估结果，形成县尺度风暴潮和海啸风险评估和区划结果以及省尺度 5 个种类海洋灾害的风险评估和区划结果；结合当地灾害发生情况、承灾体分布情况划定县级和省级防治区（重点防御区），通过实地勘验和征求相关部门意见，对结果进行对比分析，编制省尺度和县尺度风险评估和区划、防治区（重点防御区）图件。

自然资源部集成汇总沿海各省报送的海洋灾害风险评估和区划成果、防治区（重点防御区）划定成果，划定国家尺度海洋灾害防治区（重点防御区），并绘制国家尺度区划和防治区（重点防御区）图件。海洋灾害风险评估与区划工作流程如图 2-4 所示。

一、风暴潮

国家尺度风险评估主要针对人口和经济两大类承灾体，开展以沿海县（市、区）为单元的人口和经济风暴潮灾害脆弱性等级评估，结合风暴潮灾害危险性等级评估结果，以沿海县（市、区）为单元开展风暴潮灾害风险等级评估，从宏观层面分析沿海地区风暴潮灾害风险等级空间分布特征。

省尺度风暴潮灾害风险评估基于研究区域土地利用分类数据，建立土地利用一级分类要素类型与风暴潮灾害脆弱性等级的对应关系，开展研究区域内风暴潮灾害脆弱性等级评估。结合风暴潮灾害危险性等级评估结果，以沿海乡镇为空间单元，综合考虑风暴潮灾害危险性等级和脆弱性等级开展风暴潮灾害风险等级评估。

县尺度风暴潮灾害风险评估主要以土地利用现状一级类区块单元

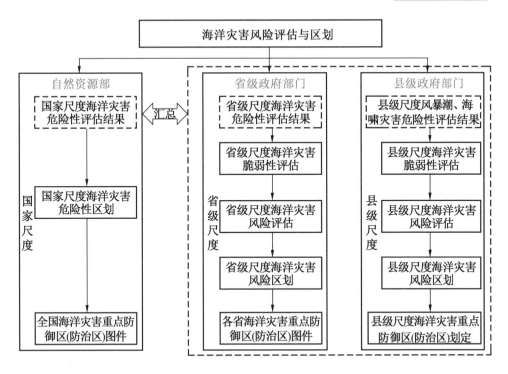

图 2-4 海洋灾害风险评估与区划工作流程图

作为评估空间单元，根据不同的土地利用现状一级类型确定对应空间单元的脆弱性等级，建立研究区域内土地利用二级分类要素类型与风暴潮灾害脆弱性等级对应关系，考虑评估区域内重要承灾体分布，评估研究区域风暴潮灾害脆弱性等级。以可能最大风暴潮淹没范围及水深分布，综合考虑评估单元内危险性等级和脆弱性等级，确定县尺度评估单元的风险等级。

二、海浪

近海及大洋海浪灾害的承灾体以船舶为主，考虑到船舶活动区域的不确定性，海浪的风险评估与区划是仅针对市县尺度的评估工作来开展的。

海浪风险评估与区划主要考虑近岸海域内港口码头、旅游度假区、海水养殖区、沿海石化厂和核电厂等固定承灾体。利用承灾体脆弱性与海浪致灾要素调查与评估中危险性等级的结果,以受海浪灾害影响的沿海市(县)所对应的岸段为基本单元,将近岸海域海浪灾害风险区划分为Ⅰ级(高风险)、Ⅱ级(较高风险)、Ⅲ级(较低风险)、Ⅳ级(低风险)四级,并编制相关图集及报告。

三、海啸

海啸灾害风险评估及区划主要工作内容包括潜在地震海啸源分析、评估区域高分辨率海啸漫滩数值模型建立及验证、潜在地震海啸情景模拟、评估区域潜在海啸危险性和风险等级评估以及成果制图等,工作流程如图 2-5 所示。

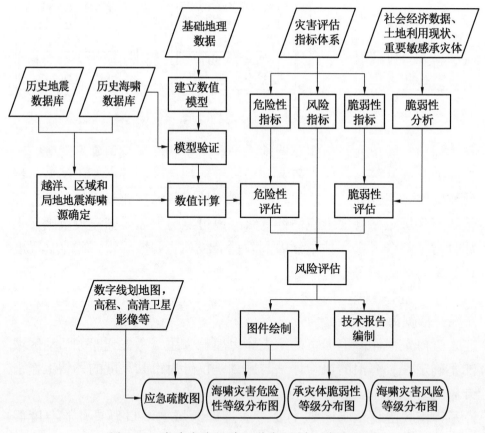

图 2-5 海啸灾害风险评估与区划工作流程图

海啸风险评估与区划分为国家、省和县级三种尺度，工作流程分为基础资料整理分析、建立评估区域精细化海啸淹没数值模型、海啸数值计算模型验证、海啸灾害风险评估与疏散分析、编制技术报告五项步骤。

（1）基础资料整理分析。收集覆盖研究区域及沿海海域的地理基础数据、当地历史潮位数据、沿岸堤防数据。处理水深、堤防、数字高程模型 DEM、数字线划图 DLG 和高清卫星影像 DOM 等基础地理数据以及土地利用现状专题数据。结合海洋功能区划及相关政策性文件，收集社会经济属性资料、人口居住区、学校、医院、工业园区、储备基地、避灾点、道路交通等重要承灾体资料。

（2）建立评估区域精细化海啸淹没数值模型。建立高精度的海啸数值计算模型，并对模型进行验证计算。依据全球历史地震和海啸资料，采用确定性方法合理确定潜在越洋、区域和局地海啸源及有关参数，并合理配置计算网格分辨率和时间步长，采用多重嵌套技术，在研究区域建立起海啸漫滩数值模型。

（3）海啸数值计算模型验证。利用数值模型对历史地震海啸过程进行数值计算，将计算得到的海啸波幅和海啸淹没范围与历史记录进行对比，分析数值计算方法的可行性、准确度，以确保所得评估结果的合理性。海啸模型检验中历史个例检验不少于 5 个，历史过程站点最大海啸波幅平均误差不超过 15%。利用验证过的海啸数值模型对潜在海啸进行模拟。

（4）海啸灾害风险评估与疏散分析。在海啸漫滩数值模型的基础之上，利用数值模型计算结果，结合土地利用现状、经济社会属性情况，依据海洋行业标准《海啸灾害风险评估和区划技术导则》规定的方法和路线，结合承灾体脆弱性属性，开展数值模拟研究，根据计算结果确定研究区域海啸灾害淹没风险等级。根据海啸淹没结果，结合当地的地理环境，进行海啸疏散分析，并制作海啸疏散方案，设计海啸疏散路线。

（5）编制技术报告。根据项目成果编制技术报告。

四、海平面上升

海平面上升风险评估与区划分为国家尺度和省级尺度两种，工作流程分为评估指标体系确定、参与评估的数据计算与分析、危险性分析、脆弱性分析、风险值计算、风险等级划分、风险区划成果图件制作 7 个步骤。

（1）评估指标体系确定。国家尺度以区县级行政区划为评估单元，计算、统计、分析参与评估的各类数据，为分析评估工作提供所需的数据集。省级尺度以乡镇级行政区划为评估单元，其他尺度与国家尺度的类似。

（2）参与评估的数据计算与分析。根据选取的指标体系，对数据进行计算分析。

（3）危险性分析。危险性分析包括海平面变化、潮汐特征、地面高程状况、海岸状况 4 个因子，对各评估单元数据进行量化，采用加权综合评分法计算危险性指数。

（4）脆弱性分析。脆弱性分析包括人口（居民总数、人口密度）和经济（国内生产总值 GDP、地均 GDP） 2 个因子，对各评估单元数据进行量化，采用加权综合评分法计算脆弱性指数。

（5）风险值计算。采用风险指数计算模型，分别计算各评估单元的海平面上升风险指数值。

（6）风险等级划分。按照海平面上升等级划分标准，分别评估各评估单元的海平面上升风险等级，包括Ⅰ级（高风险）、Ⅱ级（较高风险）、Ⅲ级（中等风险）和Ⅳ级（低风险） 4 个级别。

（7）风险区划成果图件制作。按照海洋灾害风险普查工作方案中的要求，完成各类风险分析评估成果及图件的制作。

五、海冰

自然资源部北海局负责开展国家尺度海冰灾害风险评估和区划。辽宁省、河北省、天津市和山东省的省级自然资源和海洋部门负责组织开展省尺度的海冰灾害风险评估与区划。

　　工作过程包括划分评估范围和评估单元、获取评估指标值、海冰灾害风险区划和图件制作4个方面。国家尺度和省尺度的评估工作主要包括划分评估范围和评估单元、获取评估指标值、海冰灾害风险区划和图件制作。其中国家尺度以近岸海域（12 n mile以内）及其沿岸以地（市）级行政区域岸段为基本评估单元进行评估；根据我国结冰海区的油田（群）及石油平台实际分布状况，将结冰海区海上油气开采区（主要是渤海）划分为辽东湾北部、辽东湾南部、渤海湾北部、渤海湾西部、渤海湾南部及黄河三角洲、渤海中部以及莱州湾东部7个基本评估单元进行评估。省尺度以近岸海域（12 n mile以内）及其沿岸以县（市、区）级行政区域岸段为基本评估单元进行评估；12 n mile以外海域原则上不予考虑。

　　自然资源部北海局集成汇北方三省一市报送的海冰灾害风险评估和区划成果，划定国家尺度的沿岸各评估单元的海冰灾害风险等级，并结合海上油气开采评估单元的风险评估结果，绘制国家尺度海冰灾害风险区划图件。

　　海冰灾害风险评估与区划工作流程如图2-6所示。

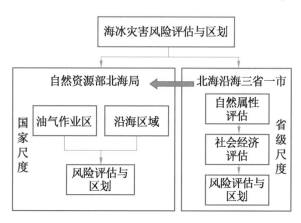

图2-6　海冰灾害风险评估与区划工作流程图

第三章 海洋灾害致灾孕灾要素调查

第一节 调查操作流程

一、风暴潮

针对国家尺度，需要搜集水文资料，即我国沿海海洋、水文代表站位风暴潮过程最大增水和最高潮位观测资料，观测数据统一到1985国家高程基准，原则上一般要求有不少于20年的连续实测资料；警戒潮位资料，即搜集调查区域的警戒潮位值，警戒潮位值的核定应符合《警戒潮位核定规范》(GB/T 17839—2011) 的要求。

针对省尺度，需要搜集水文资料，即调查区域潮（水）位站重特大风暴潮灾害过程的逐时潮位、海浪等观测资料 [若水文资料不能满足需要，应依据《海洋调查规范 第 2 部分：海洋水文观测》(GB/T 12763.2—2007) 开展补充观测]；气象资料，即影响和邻近调查区域的热带气旋资料（包括时间、位置、中心气压、近中心最大风速、最大风速半径等），温带天气过程（气压场、风场等）等；警戒潮位资料，即搜集调查区域的警戒潮位值，警戒潮位值的核定应符合《警戒潮位核定规范》(GB/T 17839—2011) 的要求。

针对县尺度，需要搜集水文资料，即调查区域潮（水）位站风暴潮灾害过程潮位、海浪等观测资料，对于河口地区，应尽量收集代表性的水文站观测资料 [若水文资料不能满足需要，应依据《海洋

调查规范 第 2 部分：海洋水文观测》(GB/T 12763.2—2007) 开展补充观测]；气象资料，即影响和邻近调查区域的热带气旋资料（包括时间、位置、中心气压、近中心最大风速、最大风速半径等），温带天气过程（气压场、风场等）等；警戒潮位资料，即搜集调查区域的警戒潮位值，警戒潮位值的核定应符合《警戒潮位核定规范》(GB/T 17839—2011) 的要求。

二、海浪

海浪致灾观测要素主要包括：有效波高、平均波周期、最大波高、1/10 大波波高（海洋站）。

海浪致灾观测要素的数据类型为近岸海洋观测站数据，浮标数据，卫星散射计、高度计数据，西北太平洋海浪实况分析图等历史海浪实况分析资料。

（一）海洋站、浮标数据的收集整理

（1）收集中国近海海洋站、浮标观测数据，对不同的数据格式进行转码形成标准格式数据集。

（2）浮标数据地再分类。由于浮标数据根据浮标命名进行分类存储，但在实际应用中，同一个浮标的观测位置会因观测任务的需求而变动；并且在浮标拖动及维修过程中，也会产生大量的无用测量数据。因此需要根据浮标位置信息，对整个浮标数据集进行重新归类，并针对历史天气图集去掉浮标在拖动及岸上维修过程中的观测数据。

（3）浮标数据的质控。由于海上环境恶劣，传感器经常会输出一些极端大（小）值，其可靠性难以分辨，极个别时段传感器会产生短时的零点漂移。数据收集人员仅凭观测记录不易准确识别问题数据，须结合其他多种水文气象资料（历史天气图、风浪成长关系）通过判断才能筛查出数据中的奇异值。

（二）卫星遥感数据的收集整理

目前常用的卫星遥感数据类型有卫星雷达高度计、星载微波散射计、微波散射计、合成孔径雷达、波谱仪数据等。

其中卫星雷达高度计是目前最为成熟的海浪卫星遥感手段，其具有全球覆盖、高精度的优势。星载微波散射计可以在中、低风速获得高空间覆盖以及高空间分辨率的海面风速产品。

因此主要介绍上述两种数据处理方法，其余几种数据由于获取难度、测量精度、覆盖范围以及数据使用技术成熟度等原因不做介绍。

1. 卫星雷达高度计数据的收集整理

目前常用的高度计数据，主要包括中国自主业务化海洋环境动力卫星海洋 2 号（HY2A）雷达高度计、Jason2 雷达高度计、Jason3 雷达高度计、SARAL 雷达高度计数据。截至 2019 年底数据时间覆盖范围如下：HY2A 雷达高度计数据集 2011—2019 年，共 74699 轨；Jason2 雷达高度计数据集为 2010—2016 年，共 56132 轨；Jason3 雷达高度计数据集为 2016—2019 年，共 33689 轨；SARAL 雷达高度计数据集为 2013—2017 年，共 43994 轨。

由于卫星雷达高度计的反演质量会受到海岛、陆地等产生的杂波回波影响，在对其数据进行使用之前，需对数据质量进行质量控制，去除奇异值。基本方法为，首先读取卫星产品数据中相应的质量标识，选取最可靠的观测数据点，然后选取星下点轨迹上连续 15~20 个足印观测点，计算其有效波高数值的平均值和标准差，如果上述足印中有效波高数值未落在平均值加减 3 倍标准差之内，则认为此观测点为异常，予以剔除。

2. 卫星雷达高度计与微波散射计海浪数据融合

由于卫星雷达高度计只能观测星下点的有效波高，空间覆盖率非常有限，而星载微波散射计可以获得宽刈辐的海面风场，因此可综合卫星雷达高度计与微波散射计，通过数据融合获得具有高空间覆盖率的海浪融合产品。在以风浪为主的海浪场中，该数据可以有效地弥补海浪观测数据空间覆盖率不足的缺点。

收集中国近海卫星高度计以及与之匹配的微波散射计数据，形成高度计与散射计一一对应的数据集。目前收集到 2011—2018 年的微波散射计、雷达高度计的匹配观测数据，共 17730 对，形成相互匹配的数据集，并对数据集进行质控。

进行雷达高度计–微波散射计的融合计算。主要方法是通过风浪关系将微波散射计海面风场转化为同刈幅风浪场，利用与微波散射计观测相匹配的雷达高度计有效波高观测数据对此风浪场进行订正，最终获取高空间覆盖、高时空分辨率、海浪宽刈幅有效波高融合场。使用此方法获得的 HY2 有效波高融合场在西北太平洋海域逐日平均覆盖率能够达到 61%。在与中国近海浮标与 NDBC 大洋浮标的海浪观测的对比中，有效波高融合场的平均绝对误差为 0.3~0.5 m。

三、海啸

海啸灾害致灾孕灾要素调查是通过收集地震源数据、震源机制解和海啸观测数据等来调查影响我国的海啸事件。主要包括以下步骤。

（一）调查准备

综合考虑海啸灾害风险的自然过程、社会经济状况、成灾机制及行政边界等特点，综合评估海啸灾害损失发生的可能性及其不确定性，开展海啸灾害致灾观测要素调查。

（二）实施步骤

（1）资料收集。开展海啸历史灾害及致灾观测工作所需资料包括：基础地理信息和社会经济资料、地震源信息资料、典型潮位站海啸波动序列资料等。

（2）数据质量控制。对收集到的数据进行标准化处理和质量控制审核。

（三）人员安排

由从事或了解海啸灾害预警及灾害风险评估研究的业务研究人员进行海啸致灾观测要素调查。

（四）数据汇交

海啸汇交数据要包括对资料来源、数据精度及数据质量等有明确的描述的说明文件，数据通过质量控制审核；对不同来源的资料应进行标准化或归一化处理；获取的数据应采用历史资料或现场观测进行验证，保证评估精度。

（五）质量控制

实测数据资料应满足以下要求：

（1）溯源性：获取数据的仪器应符合我国计量法的法制要求，数据应能溯源到社会公用计量标准。

（2）准确性：源自方法、人员、设备和环境的测量不确定度贡献导致的综合测量不确定度符合评估活动的要求。

（3）可比性：评估范围及相邻区域内的数据资料应实现观测方法、观察仪器标准化，遵从该要素的时空变化规律，对离群数据能有严格的解释理由和处置措施。

（4）兼容性：资料要严格按中华人民共和国法定计量单位使用方法使用法定计量单位，观测点的时、空坐标应准确、清楚，量和现象定义准确统一，图件规格、符号、色标实现标准化，各评估单元的资料应可融合、拼接和交流。

（六）参考技术规范

可参考的技术规范为《海啸灾害风险评估和区划技术规范》。

四、海平面上升

海平面上升致灾程度与当地海水潮位、沿海地区地面高程、海岸线类型、评估单元内社会经济状况以及海堤防护能力和其他海洋灾害发生情况等密切相关，海平面上升致灾针对这些要素开展调查工作。

（一）资料收集与处理

收集调查区域内的基础资料，潮位观测数据、海岸线数据、社会经济和海洋灾害等数据资料，对资料进行梳理和分析，并确定需要开展调查来完善的数据。

1. 调查区基础资料收集

国家尺度调查以区县为单元，省级尺度调查以乡镇为单元开展基础收集和资料收集工作。基础数据包括地理信息数据、地面高程数据、海岸线数据等。基础地理信息数据国家尺度比例尺为1：100万，

省级尺度比例尺为 1∶25 万；地面高程数据国家尺度比例尺为 1∶5
万，省级尺度比例尺为 1∶1 万；海岸线数据应收集不同时期的数据，
至少包括 2 个时相数据。

基础地理信息资料，主要包括区域内水系（包括重要河道）、居
民点（省会城市、直辖市、地级市、县、乡镇、村）、交通（铁路、
高速公路、国道、省道、县道、机场）、境界线（国界、省界、县
界、乡界、村界）、地貌、岸段、岛屿、礁石、海洋注记等。

2. 潮位观测数据收集

国家尺度调查除收集海洋领域的潮位观测数据外，还应该将水
利、交通、海事等部委布设的验潮站（点）纳入数据收集范围，确
保每个沿海区县都有当地长时间序列的潮位观测资料。省级尺度调查
依靠当地海洋、水利、交通、海事主管部门在沿海布设的验潮站
（点），收集多年潮位观测数据和资料。

3. 海岸线数据

搜集和分析不同时期的中国沿海海岸线、岸线类型数据，对相对
海平面上升较快的岸段、海洋灾害高发区岸段、海岸线数据缺失岸段
和存疑岸段，开展补充调查。

4. 评估区内社会经济数据收集

收集评估区内的社会经济数据资料，国家尺度调查收集以区县为
单元的社会经济统计数据，省级尺度调查收集以乡镇为单元的社会经
济统计数据。社会经济统计单元（区县或乡镇）名称应与基础地理
信息数据中区县级（乡镇级）行政区划空间数据中的名称保持一致。

5. 相关海洋灾害调查与收集

开展评估单元内发生的风暴潮、海浪等灾害过程信息、灾害损失
信息以及灾害发生过程中潮位信息等调查与收集工作。

6. 数据处理

对收集的数据按照《海洋灾害风险评估和区划技术导则　第 5
部分：海平面上升》中对基础数据的要求，开展数据处理与分析工
作，形成不同专题的数据集。

月平均海平面和极值水位变化、潮汐特征值统计信息通过统计分析逐时潮位记录数据来获取，在数据统计中需要注意验潮站水尺零点的变动情况，并做好数据预处理工作。在统计分析过程中，如果收集到了更高时间分辨率的数据，优先采用这些数据完成统计分析工作。

波浪特征值统计信息采用波浪观测数据制作，处理过程与极值水位变化类似。

在计算海岸自然状况信息时，应采用高分辨率地面高程模型（DEM）数据来完成，处理应在符合数据安全等级的设备上开展。高程数据应统一到1985国家高程基准后，分析高程低于5 m的地区范围并计算面积。海岸线信息采用行政区内海岸线空间数据来完成，统计分析不同类型的岸线长度及侵蚀淤长情况。

（二）采集与调查作业

海平面上升致灾调查作业主要是补充缺失的数据、核实现有数据中信息的准确性和时效性，完善数据中缺失的部分内容。调查作业是在完成数据收集与整理后，根据实际掌握情况开展。需要核实的内容包括潮位观测站名称、位置（经纬度坐标）、验潮基面、验潮零点变动等信息。需要补充调查包括缺失的海岸线数据、堤防等护岸工程设施等内容。需要完善的是现有海岸线空间数据属性缺失的内容，如各类岸线长度、侵蚀淤长状况等属性字段。

（三）数据质量控制

基础地理信息数据质量控制参照《基础地理信息标准数据基本规定》（GB 21139—2007）中的有关规定开展；潮位站长期连续潮位资料质量控制参照《海洋观测规范　第2部分：海滨观测规范》（GB/T 14914.2—2019）中的相关规定开展。

（四）数据审核与汇交

调查数据由调查人员负责处理汇总，由数据校核人员对数据进行核定，采用区县级—地市级—省级—国家级4级逐级提交与审核模式，开展数据提交与审核工作。

26

五、海冰

海冰灾害致灾孕灾要素调查的流程主要包括资料收集、补充调查和资料处理等流程。资料收集，是收集海冰灾害基础数据和资料，注明数据来源和数据更新时间，并对所有共享、引用的数据资料按照要求进行整理，形成数据表和数据集。补充调查，是对未收集到和不完善的信息开展现场补充调查，妥善保管调查一手资料，并对补充调查资料按照要求进行整理，形成数据图表、数据集。资料处理，是将所收集的各类资料严格按照相关国家标准进行质量控制，并采用国家法定计量单位。

本次全国海洋灾害风险普查工作中的海冰致灾孕灾要素调查主要收集调查区域 1978—2020 年间海冰时空分布特征（总冰期长度、严重冰期长度、严重冰期海冰厚度和密集度、浮冰类型等）、发生时间、发生强度等。具体各项流程的要求如下。

（一）资料收集

（1）海冰冰情。包括评估海区海冰时空分布特征（总冰期长度、严重冰期长度、严重冰期海冰厚度和密集度、浮冰类型等）。

（2）历史海冰灾情。包括历史海冰灾害发生次数、发生时间、发生强度、年均发生次数；历次海冰灾害发生时间、地点、受灾范围、成灾范围、破坏状况和经济损失；历年海冰灾害造成的（直接或间接）经济损失等情况。

（3）海洋水文。包括海水温度、盐度、海流、潮汐等。

（4）气象。包括导致海冰灾害的天气系统及其影响时间和年均发生次数；历年气温、气压、风速、风向、降水量、冷空气过程（强度及频次）等。

（5）海岸地形地貌。包括海岸类型、地貌特征及海岸线改变情况等。

（6）经济社会。包括海洋石油平台数量、分布、类型、结构及运行状况；沿岸港口码头数量、型式、分布及运行状况；海水养殖区数量、分布及养殖品种；海岸工程（包括核电厂等）；有人居住岛屿数量及分布状况、岛屿功能类型；沿岸（包括有人居住岛屿）经济社会发展状况（包括人口规模等）；主要海洋经济活动情况（包括港口、码头、海洋油气开采、海洋工程设施、海水养殖等）；海域使用、保护及开发建设规划和海洋功能区划等。

（7）防御能力。包括各类承灾体的工程性及非工程性抗冰措施、应急预案及应急处置能力等。

（8）基础地理数据。包括海岸线、各级行政界线以及海域面积等基础地理信息。

（二）资料处理

所收集的各类资料均应严格按照相关国家标准进行质量控制，并应采用国家法定计量单位。实测数据资料应附有证明如下质量要素的元数据。

（1）权威性。提供资料的单位需通过相应观测项目的实验室资质认定，具备海洋观测的职能和资历。

（2）时效性。所提供资料应在评估活动期限内有效，自资料产出以来，观测点的环境条件未动摇资料的代表性。

（3）溯源性。获取数据的仪器应符合我国计量法的法制要求，数据应能溯源到社会公用计量标准。

（4）准确性。源自方法、人员、设备和环境的测量不确定度贡献导致的综合测量不确定度符合评估活动的要求。

（5）可比性。评估范围及相邻区域内的数据资料应实现观测方法、观察仪器标准化，遵从该要素的时空变化规律连续变化，对离群数据能有严格的解释理由和处置措施。

（6）兼容性。资料要严格按中华人民共和国法定计量单位使用方法使用法定计量单位，观测点的时、空坐标准确、清楚，量和现象定义准确统一，图件规格、符号、色标实现标准化，各评估单元的资料应可融合，拼接和交流。对于实物或声像资料也应具有权威性、时效性、可比性和兼容性。

第二节　调查表填报说明

一、风暴潮

风暴潮灾害损失统计表中主要字段说明如下。

（1）风暴潮名称：具体的风暴潮灾害详细名称。

（2）风暴潮类型：温带或台风风暴潮。

（3）警戒潮位值：最新核定的基于 1985 国家高程基准面的警戒潮位值。

（4）灾种：风暴潮或海啸详细的灾害名称。

（5）受灾区域：受到海洋灾害影响且造成一定损失的海域（区域）所属的行政区域，该项填写乡镇、县、市名。县级海洋部门填写时，需填写至乡镇一级；市级海洋部门填写时，需填写至县一级；省级海洋部门填写时，需填写至市一级。

（6）受灾人口灾情项中，受灾人口指填报单位辖区内因海洋灾害遭受损失的人口数量（含非常住人口）；死亡人口指以海洋灾害为直接原因导致死亡的人口数量（含非常住人口）；失踪人口指以海洋灾害为直接原因导致下落不明，暂时无法确认死亡的人口数量（含非常住人口）；紧急转移安置人口指因受到海洋灾害威胁、袭击，由危险区域转移到安全区域，需提供临时生活保障的人数。四个指标均不统计直接经济损失。

（7）毁坏和损坏统计：毁坏指因灾导致设施无修复价值，需要重建，在短时间内不能恢复使用；损坏指因灾受损，通过不同程度修复可以在短时间内恢复正常使用。

（8）房屋：倒塌房屋指因海洋灾害导致房屋整体结构塌落或承重构件多数倾倒、严重损坏，必须进行重建的房屋；损坏房屋是指因海洋灾害导致房屋部分承重构件出现损坏或非承重构件出现明显裂缝或附属构件破坏，需进行修复的房屋数量。房屋间数在统计时以自然间为统计单位，不统计独立的厨房、牲畜棚等辅助用房、活动房、工棚、简易房和临时房屋。

（9）海洋渔业：水产养殖受灾面积指因海洋灾害海水养殖产量损失一成（含一成）以上的养殖面积；损失水产养殖数量指因海洋灾害损失的水产品数量，直接经济损失按养殖物的减产或损失数量乘以当地灾前市场平均价格计算；养殖设备、设施损失指因海洋灾害直接或间接对养殖户养殖设备、设施造成的损失，直接经济损失按在受灾当年恢复原规模、原标准所需资金并减去折旧后计算；毁坏、损坏渔船数量指因海洋灾害沉毁、损坏渔船的数量；受损渔港数量指因海洋灾害损坏的渔港数量。

（10）交通运输业：毁坏船只、损坏船只数量分别指因海洋灾害损毁、损坏的船只数量（渔船除外）；损毁航标指因海洋灾害损坏航标的数量；受损港口数量指因海洋灾害损坏的渔港之外的港口数量；港口货物损失指因海洋灾害造成的港口放置货物的损失量。

（11）海岸防护工程：因海洋灾害损坏的码头、防波堤、海堤及护岸的数量和长度、直接经济损失，如有损毁特别严重的设施，在备注中填写损毁岸段名称。

（12）海洋旅游业：海水浴场护网指因海洋灾害损坏的海水浴场护网长度；其他可填写旅游设施，包括娱乐设施、旅游标示牌、木栈道、游步道等旅游基础设施和服务设施的损失。

（13）淹没农田面积：因潮水漫滩而淹没的农田面积。

（14）淹没盐田面积：因海洋灾害造成盐田淹没的面积。

二、海浪

海浪过程极值波高信息统计表填报说明如下。

（1）填报单位：开展数据填报工作承担单位名称，名称要采用标准的单位名称，不得采用简写方式。

（2）填报日期：开展数据填报工作的日期，格式为 YYYY-MM-DD，如"2009-05-12"。

（3）海浪灾害过程（登记编号）：台风引起的，编号为海浪+台风编号；温带系统引起的，编号为海浪+YYMMDD。

（4）致灾因子：灾害性海浪过程成因，如"热带气旋""冷空气""温带气旋"。

（5）起止时间：灾害性海浪过程的开始时间与结束时间，格式为 YYYY－MM－DD hh：mm：ss 至 YYYY－MM－DD hh：mm：ss，如"2020－01－01 12：00：00 至 2020－01－04 12：00：00"。

（6）影响区域：海浪过程的影响范围，名称必须保持与普查办提供的行政区划保持一致，如三亚市吉阳区鹿回头社区。

（7）观测站（点）：站名为海浪观测站的标准名称，如"国家海洋局天津海洋环境监测中心站"。

（8）位置坐标：观测浮标或站点经纬度（如125.203°E、13.557°N）。

（9）最大有效波高、最大波高、最大风速：单位分别是 m、m、m/s，时间格式为 YYYY-MM-DD-HH，如"2020-01-01-08"。

三、海啸

（一）海啸观测信息统计表

调查本行政区内现有验潮站观测数据，数据从观测到潮位数据起始时间至 2020 年，海啸观测信息统计表填报说明如下。

（1）行政区信息：所在的省级行政区、地市级行政区和区县级行政区信息，如河北省唐山市丰南区。

（2）填报单位：开展数据填报工作承担单位的名称，名称要采用标准的单位名称，不得采用简写方式。

（3）填报日期：开展数据填报工作的日期，格式为 YYYY-MM-DD，如"2009-05-12"。

（4）海啸波观测信息概述：海啸事件的概述，包括发生时间、地点、影响范围和观测情况等。

（5）海啸起止时间：海啸发生及影响的时间段，格式为 YYYY-MM-DD hh：mm：ss—YYYY-MM-DD hh：mm：ss，如"2011-03-11

13:46:00—2011-03-14 13:46:00"。

（6）海啸影响区域：海啸的影响范围，如太平洋沿岸海域。

（7）地震情况：包括地震时间，震源经度纬度，震级和震源深度。地震时间格式为 YYYY-MM-DD hh:mm，如"2011-03-11 13:46"。震级保留小数点后一位。震源深度单位是 km。

（8）观测站（点）名称：潮位观测站的标准名称，如"国家海洋局天津海洋环境监测中心站"。

（9）最大海啸波幅值：单位是厘米（cm）。

（10）观测时间：出现该波高值的时刻。时间格式为 YYYY-MM-DD hh:mm:ss，如"2011-03-12 23:07:00"。

（11）备注：包括当月验潮站验潮零点的变动情况、数据终端情况等信息；如果没有出现上述情况，可不填。

（12）最大波幅基面：观测站采用的基面。

（13）填表人、审核人：填表人指本表格的录入人员名字，审核人指本表格的审核人员名字。

海啸致灾孕灾要素调查所需资料和说明见表3-1。

表3-1 海啸致灾孕灾要素调查资料说明

类型	名称	分辨率	数据格式	资料说明
基础地理	自然岸线资料		电子版	评估区域沿海岸线和滩涂分布资料
	数字线划地图（DLG）		shp 或 Geodatabase 矢量格式	覆盖评估区内的地物分布信息，包括岸线、城区、居民点（乡镇、街道、村）、交通运输线、植被、行政界线等重要地理信息
	沿岸海堤海塘		GIS 矢量图层	沿岸海堤段名称、位置、高程、防浪墙高度、材质、建设时间、是否允许越浪及越浪量、设计等级等

表 3-1（续）

类型	名称	分辨率	数据格式	资料说明
水深地形	海底地形资料	分辨率1∶100万	电子版	评估区域沿海海底水深格点资料（基于平均海平面，需要告知水深基准）
	地面高程数据（DEM）	分辨率1∶100万	tif 或 img 矩阵格式	评估区内地面高程数据
水文观测	历史地震海啸数据		电子版	历史海啸水位波动数据
	潮位数据		电子版	收集研究区域海洋站的历史潮位资料

（二）海啸灾害损失统计表

可参照"风暴潮灾害损失统计表"填写。

四、海平面上升

（一）地方验潮站逐时潮位记录表

调查本行政区内现有验潮站观测数据，数据从该站观测起始时间至 2020 年，地方验潮站逐时潮位记录表填报说明如下。

（1）行政区信息：所在的省级行政区、地市级行政区和区县级行政区信息，如河北省唐山市丰南区。

（2）填表单位：开展数据填报工作承担单位名称，名称要采用标准的单位名称，不得采用简写方式。

（3）填表日期：开展数据填报工作的日期，格式为 YYYY-MM-DD，如"2009-05-12"。

（4）站名：潮位观测站的标准名称，如"国家海洋局天津海洋环境监测中心站"。

（5）经度：该验潮站位经度值（如 117.112000°）。

（6）纬度：该验潮站位纬度值（如 39.111111°）。

（7）验潮基面：验潮站采用的基面。

（8）年份和月份：本表中观测数据所在的年份（如 1984）和月份（如 11）。

（9）逐时水位：日期和时间的二维表，每行填报每天 0 时至 23 时的潮位观测值，每列为当月不同日期的观测值。

（10）低潮：潮位填报当天低潮潮位值，潮时填报低潮潮位对应的时间。

（11）高潮：潮位填报当天高潮潮位值，潮时填报高潮潮位对应的时间。

（12）备注：包括当月验潮站验潮零点的变动情况、数据终端情况等信息；如果没有出现上述情况，可不填。

（13）填表人、审核人：填表人指本表格的录入人员名字，审核人指本表格的审核人员名字。

（二）月平均海平面和极值水位变化统计表

根据本行政区内现有验潮站观测数据，统计月平均海平面和极值水位变化信息，月平均海平面和极值水位变化统计表填报说明如下。

（1）行政区信息、填表单位、填表日期、观测站（点）名称、位置（经纬度）填报方法参考"地方验潮站逐时潮位记录表"填写开展。

（2）行政区域：观测站（点）所在的县级行政区划名称（国家尺度）或观测站（点）所在的乡镇级行政区划名称。

（3）月份：统计的年月信息，格式为 YYYYMM，如 200106，表示 2001 年 6 月的统计表。

（4）海平面高度：基于验潮零点的本月海平面高度平均值，单位为 cm，小数点后保留 2 位，如"108.21"。

（5）月极值水位：当月观测到的最高水位值，单位为 cm，小数点后保留 2 位，如"168.30"。

（6）验潮零点的 1985 国家高程：观测站验潮零点与 1985 国家

高程的转换关系，单位为 cm，小数点后保留 2 位，如"3.38"。

（7）当月缺测率：当月缺测数据占当月观测数据总记录的百分比，小数点后保留 2 位，如"7.80"表示当月缺测数据占 7.80%。

（8）备注参考"地方验潮站逐时潮位记录表"填报。

（9）填表人和审核人参考"地方验潮站逐时潮位记录表"填报。

（三）潮汐特征值统计表

根据本行政区内现有验潮站观测数据，统计潮汐特征值信息，潮汐特征值统计表填报说明如下。

（1）行政区信息、填报单位、填表日期、观测站（点）名称、位置（经纬度）填报方法参考"地方验潮站逐时潮位记录表"填写。行政区域参考"月平均海平面和极值水位变化统计表"填写。

（2）潮汐类型：当地所属的潮汐类型，包括半日潮、不规则半日潮、不规则全日潮、全日潮等。

（3）平均高潮位：基于统计时段内的潮位观测数据，统计本站的平均高潮位值并填报到表格，单位为 cm，小数点后保留 2 位，如"333.88"。

（4）平均低潮位：基于统计时段内的潮位观测数据，统计本站的平均低潮位值并填报到表格，单位为 cm，小数点后保留 2 位，如"33.11"。

（5）平均潮差：基于统计时段内的潮位观测数据，统计本站的平均潮差值并填报到表格，单位为 cm，小数点后保留 2 位，如"266.78"。

（6）验潮零点的 1985 国家高程参照"月平均海平面和极值水位变化统计表"填写。

（7）统计时段：用于潮汐特征统计的数据时间分布信息，格式为 YYYYMM-YYYYMM，如"197801-202012"表示数据时间分布是从 1978 年 1 月到 2020 年 12 月。

（8）备注参考"地方验潮站逐时潮位记录表"填报。

（9）填表人和审核人参考"地方验潮站逐时潮位记录表"填报。

（四）海岸自然状况调查表

根据本行政区内地面高程数据、海岸线等数据，计算海岸自然状况信息，海岸自然状况调查表填报说明如下。

（1）行政区信息、行政区代码、填报单位、填表日期填报方法可参考"地方验潮站逐时潮位记录表"开展。

（2）行政区面积：本调查单元（国家级以区县为单元，省级以乡镇为单元）的行政区面积，单位为 km^2，小数点后保留 4 位。

（3）高程低于 5 m 地区面积：通过分析地面高程数据中高程低于 5 m 的地区分布，计算其面积并填入表格，单位为 km^2，小数点后保留 4 位。

（4）海岸线长度：通过分析行政区内海岸线空间分布数据，计算其总长度并填入表格，单位为 km，小数点后保留 2 位。

（5）基岩海岸长度，基于行政区内海岸线空间分布数据，分别计算侵蚀性、稳定性、淤长性基岩海岸的长度，并填入相应的表格中，单位为 km，小数点后保留 2 位。

（6）砂质和粉砂淤泥质海岸长度，基于行政区内海岸线空间分布数据，分别计算侵蚀性、稳定性、淤长性砂质和粉砂淤泥质海岸的长度，并填入相应的表格中，单位为 km，小数点后保留 2 位。

（7）生物海岸长度，基于行政区内海岸线空间分布数据，计算生物海岸的长度并填入表格中，单位为 km，小数点后保留 2 位。

（8）人工岸线长度，基于行政区内海岸线空间分布数据，计算人工岸线的长度并填入表格中，单位为 km，小数点后保留 2 位。

（五）沿海海平面上升状况表

海平面上升调查基础数据说明见表 3-2。

根据调查单元内观测站长期水位观测数据，结合卫星高度计数据，采用海平面变化统计预测模型，计算当地海平面上升速率，沿海海平面上升状况表填报说明如下。

（1）行政区信息、行政区代码、填报单位、填表日期填报方法可参考"地方验潮站逐时潮位记录表"开展。

（2）海平面上升速率：本行政区海域海平面上升速率统计预测值，单位为 mm/a，小数点后保留 2 位。

（3）计算所用观测站（点）：用于海平面变化统计预测的观测站信息，包括名称、位置（经纬度）以及用于计算海平面上升速率的数据起始时间至终止时间。

（4）备注：与表格内容相关的其他信息，如卫星高度计数据使用情况等。

（5）填表单位、填表日期、填表人、审核人参考"地方验潮站逐时潮位记录表"填写。

表 3-2　海平面上升调查基础数据说明

名称	比例尺/分辨率	数据格式	资料说明
基础地理信息数据	国家尺度 1：100 万 省级尺度 1：25 万	shp 或 Geodatabase	包括区域内水系（包括重要河道）、居民点（省会城市、直辖市、地级市、县、乡镇、村）、交通（铁路、高速公路、国道、省道、县道、机场）、境界线（国界、省界、县界、乡界、村界）、地貌、岸段、岛屿、礁石、海洋注记等
地面高程数据	国家尺度 1：5 万 省级尺度 1：1 万	Geotiff 或 img 格式	沿海区县（乡镇）高程数据，双精度
海岸线数据	国家尺度 1：5 万 省级尺度 1：1 万	shp 或 geodatabase	不同时期的海岸线空间数据
潮位观测数据	—	文本或 excel	长期潮位观测数据
社会经济数据	—	文本或 excel	以区县（乡镇）为单元的统计数据
海堤数据	国家尺度 1：5 万 省级尺度 1：1 万	shp	海堤点、海堤线数据，属性包括高程、防护能力、损毁及加固情况等
海洋灾害数据	—	文本或 excel	海洋灾害过程信息、灾害损失信息，以及灾害期间潮位观测数据

五、海冰

调查本行政区内沿岸海冰观测数据，数据从有海冰沿岸观测记录或海冰卫星遥感数据起（两者之间取最早者），数据终止时间到2020年。填写时，首先对历史观测记录进行分析，先判断哪些年份符合常冰年的冰级（参考中国海冰级判断标准开展），然后对所有常冰年观测要素进行平均统计分析。填报说明如下。

（1）行政区信息：所在的省级行政区、地市级行政区和区县级行政区信息，如河北省唐山市丰南区。

（2）填报单位：开展数据填报工作承担单位名称，名称要采用标准的单位名称，不得采用简写方式。

（3）填报日期：开展数据填报工作的日期，格式为 YYYY-MM-DD，如"2009-05-12"。

（4）常冰年冰期：常冰年初冰日至终冰日的间隔天数。按照海冰生消变化特征，冰期分为初冰期、严重冰期和终冰期三个阶段

（5）常冰年海冰类型：常冰年严重冰期内海冰的主要冰型，从前往后按照冰型出现的多少填写。

（6）填表人和审核人参考"地方验潮站逐时潮位记录表"填报。

第三节　示例与注意事项

表格填写应注意：行政区划名称和代码必须与国家权威部门发布的保持统一，行政区划名称需填写完整，不得采用简称或简写（如"山东省"不得简写为"山东"或"鲁"）；在填写信息表时，应参照质检规则或相关质量方案规范填写，信息表中必填字段不得为空，每个字段的数据格式必须规范统一，数据单位必须与表中给定的单位保持统一；信息表中填报单位、填报日期、填表人、审核人等信息不得缺失，填报单位应为普查工作承担单位名称，填表人和审核人员应为普查工作参加成员。

一、风暴潮

风暴潮致灾要素调查需填写风暴潮过程极值潮位信息统计表、警戒潮位值信息统计表、风暴潮灾害过程逐时潮位记录表、风暴潮灾害损失统计表，分别见表 3-3 至表 3-6，表格示例与注意事项如下。

表 3-3 风暴潮过程极值潮位信息统计表

_____（省、市）

_____（县、县级市、区）

填报单位：   填报日期：

项目		内容				备注	
风暴潮名称							
风暴潮类型							
起止时间		年　月　日　时：分：秒— 年　月　日　时：分：秒					
影响区域							
台风风暴潮	台风登陆时间						
	台风登陆地点						
观测站（点）名称		最大增水/cm		最大高潮位/cm		最大风速/(m·s⁻¹)	
		增水值	时间	潮位值	时间	风速	时间
1							
2							
3							
最大潮位基准面							

注：与时间相关的字段统一填成时间字段（如　年　月　日　时：分：秒），包括起止时间、台风登陆时间、最大增水时间、最大高潮位时间、最大风速时间。

填表人：   审核人：   资料出处：

表 3-4   警戒潮位值信息统计表

_____（省、市）

_____（县、县级市、区）

填报单位：   填报日期：

项目	内容	备注
站点名称		
站点代码		
经度纬度/(°)	×××.××××××, ××.××××××	
红色/cm		
橙色/cm		
黄色/cm		
蓝色/cm		
核定年份		
基准面		

填表人：   审核人：   资料出处：

表 3-5 风暴潮灾害过程逐时潮位记录表

填报单位：＿＿＿＿＿＿

＿＿＿＿＿＿＿（省，市）

＿＿＿＿＿＿＿（县，县级市，区）

填报日期：

观测站（点）名称	站名代码	日期 记录项		逐时潮位值/cm																							高，低潮情况/cm					资料来源	备注（参考基面）
				0时	1时	2时	3时	4时	5时	6时	7时	8时	9时	10时	11时	12时	13时	14时	15时	16时	17时	18时	19时	20时	21时	22时	23时	潮时	潮位	潮时	潮位	潮时	潮位		
		总水位	年																																
		天文潮潮位	月																																
		风暴增/减水	日																																

注：高、低潮的潮时统一为时间字段，格式为时分（hh:mm）。

填表人：　　　　　　　　审核人：　　　　　　　　资料出处：

表 3-6　风暴潮灾害损失统计表

_____（省、市）

_____（县、县级市、区）

填报单位：　　　　　　　　　　　　　　　　　填报日期：

项　　目		内容	直接经济损失/万元	备注
风暴潮名称			—	
损失合计		—		
受灾区域			—	
受灾人口	受灾人口/人		—	
	死亡人口/人		—	
	失踪人口/人		—	
	紧急转移安置人口/人		—	
房屋	倒塌房屋/间			
	损坏房屋/间			
海洋渔业	水产养殖受灾面积/ha		—	
	损失水产养殖数量/t			
	养殖设备、设施损失/个			
	毁坏渔船数量/艘			
	损坏渔船数量/艘			
	受损渔港数量/座		—	

表 3-6 (续)

项目		内容	直接经济损失/万元	备注
交通运输业	毁坏船只数量/艘			
	损坏船只数量/艘			
	损毁航标/座			
	受损港口数量/座		—	
	港口货物损失/t			
海岸防护工程	损坏码头数量/座		—	
	损坏码头长度/km			
	损坏防波堤数量/座		—	
	损坏防波堤长度/km			
	损毁海堤、护岸数量/座		—	
	损毁海堤、护岸长度/km			
海洋旅游业	海水浴场护网/m			
	其他			
淹没农田面积/ha				
淹没盐田面积/ha				
淹没情况概述				
其他				

注: 1. 风暴潮名称应包括台风或温带天气过程,如 9711 号台风风暴潮。

2. 1 ha(公顷) = 0.01 km^2。

填表人: 审核人: 资料出处:

二、海浪

海浪致灾调查需填写海浪过程极值波高信息统计表，见表3-7，表格示例及注意事项如下。

表 3-7　海浪过程极值波高信息统计表

_____（省）

填报单位：　　　　　　　　　　　　　　　　　　填报日期：

项目		内容				备注	
海浪灾害过程 （登记编号）							
致灾因子							
起止时间		年　月　日　时：分：秒— 年　月　日　时：分：秒					
影响区域							
台风浪	台风登陆时间						
	台风登陆地点						
观测站（点）		最大有效波高/m		最大波高/m		最大风速/(m·s⁻¹)	
序号	名称	位置	波高值	时间	波高值	时间	风速	时间
1							
2							
3							
4							

注：与时间相关的字段统一填成时间字段（如 年 月 日 时：分：秒），包括起止时间、台风登陆时间、最大有效波高时间、最大波高时间、最大风速时间。

填表人：　　　　　　　　审核人：　　　　　　　　资料出处：

三、海啸

海啸致灾调查需填写海啸观测信息统计表,见表 3-8;海啸灾害损失统计表,见表 3-9。表格示例及注意事项如下。

表 3-8 海啸观测信息统计表

_____(省、市)

_____(县、县级市、区)

填报单位: 　　　　　　　　　　　　　　　　　　　填报日期:

类　　别		内容		备注
海啸波观测信息概述				
海啸起止时间		年　月　日　时:分:秒— 年　月　日　时:分:秒		
海啸影响区域				
地震 情况	地震时间			
	震源经度纬度/(°)	×××.×××××,××.×××××		
	震级			
	震源深度			
序号	观测站(点) 名称	观测站(点) 经度纬度/(°)	最大海啸 波幅/cm	观测时间
1		×××.×××××, ××.×××××		
2		×××.×××××, ××.×××××		
3		×××.×××××, ××.×××××		

注:1. 海啸波观测信息概述,即描述海啸的破坏及影响程度,有无淹没。

2. 最大海啸波幅指逐分钟潮位数据经带通滤波后的最大波幅值。

3. 与时间相关的字段统一填成时间字段格式为　年　月　日　时:分:秒(YYYY-MM-DD hh:mm:ss),包括海啸起止时间、地震时间、最大海啸波幅时间。

填表人: 　　　　　　　　审核人: 　　　　　　　　资料出处:

表3-9 海啸灾害损失统计表

_____ (省、市)

_____ (县、县级市、区)

填报单位： 填报日期：

项 目		内容	直接经济损失/万元	备注
海啸编号及名称			—	
损失合计				
受灾区域				
受灾人口	受灾人口/人		—	
	死亡人口/人		—	
	失踪人口/人		—	
	紧急转移安置人口/人		—	
房屋	倒塌房屋/间			
	损坏房屋/间			
海洋渔业	水产养殖受灾面积/ha		—	
	损失水产养殖数量/t			
	养殖设备、设施损失/个			
	毁坏渔船数量/艘			
	损坏渔船数量/艘			
	受损渔港数量/座		—	
交通运输业	毁坏船只数量/艘			
	损坏船只数量/艘			
	损毁航标/座			
	受损港口数量/座		—	
	港口货物损失/t			

表 3-9（续）

项　目		内容	直接经济损失/万元	备注
海岸防护工程	损坏码头数量/座		—	
	损坏码头长度/km			
	损坏防波堤数量/座		—	
	损坏防波堤长度/km			
	损毁海堤、护岸数量/座		—	
	损毁海堤、护岸长度/km			
海洋旅游业	海水浴场护网/m			
	其他			
淹没农田面积/ha				
淹没盐田面积/ha				
淹没情况概述				
其他				

注：1 ha（公顷）= 0.01 km²。

填表人：　　　　　　　审核人：　　　　　　　资料出处：

四、海平面上升

海平面上升致灾要素调查需填写地方验潮站逐时潮位记录表、月平均海平面和极值水位变化统计表、潮汐特征值统计表、海岸自然状况调查表、沿海海平面上升状况表，分别见表 3-10 至表 3-14，示例及注意事项如下。

表 3-10 地方验潮站逐时潮位记录表

填报单位：
——————（省、区、市）
——————（省、县级市、区）

站名：　　　　　单位：cm　　经度（°）：　　纬度（°）：　　验潮基面：　　年份：　　月份：　　　　　　　填报日期：

xxx.xxxxxx　　xx.xxxxxx

日期	逐时水位																								低潮		高潮	
	0	1	2	3	4	5	6	7	8	9	10	11	12	13	14	15	16	17	18	19	20	21	22	23	潮位	潮时	潮位	潮时
1																												
2																												
3																												
4																												
5																												
6																												
7																												
8																												
9																												
10																												
11																												
12																												
13																												
14																												
15																												

表 3-10（续）

日期	逐时水位																								潮位	潮时	潮位	潮时
	0	1	2	3	4	5	6	7	8	9	10	11	12	13	14	15	16	17	18	19	20	21	22	23				
16																												
17																												
18																												
19																												
20																												
21																												
22																												
23																												
24																												
25																												
26																												
27																												
28																												
29																												
30																												
31																												
备注																												

注：1. 各月如有验潮零点变动、数据中断等情况，应在"备注"栏中注明原因以及措施。

2. 与时间相关的字段统一填成时间字段，格式为 时：分：秒(hh:mm:ss)，包括低潮和高潮潮时。

填表人：　　　　　　审核人：

表 3-11　月平均海平面和极值水位变化统计表

填报单位：
———（省、区、市）
———（省、区、县级市、区）

填报日期：

行政区域	观测站（点）			月份（YYYYMM）	海平面高度/cm	月极值水位/cm	验潮零点的1985国家高程/cm	当月缺测率/%	备注
	名称	代码	经度/(°)	纬度/(°)					
			xxx.xxxx xx	xx.xxxx xx					

注：1. 行政区域指所在的乡镇级行政区名称。
　　2. 经度和纬度以度为单位，小数点后保留 6 位。
　　3. 月份的格式为"YYYYMM"，如"197801"表示 1978 年 1 月。
　　4. 海平面高度基于验潮零点，单位为 cm，精确到小数点后 1 位。
　　5. 各月如有验潮零点变动情况，应在"备注"栏中注明原因以及变动数值，其他可能影响当月海平面计算结果的也应在"备注"栏中列出。

填表人：　　　　　　　　　审核人：

50

表 3-12 潮汐特征值统计表

填报单位：_____

（省、区、市）

（省、区、县级市、区）

填报日期：_____

行政区域	观测站（点）				潮汐类型	潮汐特征值					备注
	名称	代码	经度/（°）	纬度/（°）		平均高潮位/cm	平均低潮位/cm	平均潮差/cm	验潮零点的1985国家高程/cm	统计时段	
			xxx.xxxx xx	xx.xxxx xx							

注：1. 行政区域指所在的乡镇行政区名称。

2. 经度和纬度以度为单位，小数点后保留6位。

3. 潮汐类型包括半日潮、不规则半日潮、全日潮、不规则全日潮。

4. 统计时段的格式为"YYYYMM–YYYYMM"，如"197801–202112"。

5. 如有验潮零点变动情况，应在"备注"栏中注明原因以及变动数值，其他可能影响潮位特征值统计结果的情况也应在"备注"栏中列出。

填表人：_____   审核人：_____

表 3-13 海岸自然状况调查表

填报单位：_____

（省、区、市）
（省、县级市、区）

填报日期：_____

行政区信息		高程低于 5 m 地区	海岸线 长度/km	基岩海岸长度/km			砂质和粉砂砂泥质 海岸长度/km			生物海岸 长度/km	人工岸线 长度/km
名称	代码	面积/km²		侵蚀性	稳定性	淤长性	侵蚀性	稳定性	淤长性		

注：
1. 行政区名称，全国调查为区县级行政区，省级调查单元为乡镇级行政区，填写该行政区的名称。
2. 行政区代码指国家标准的行政区划代码，区县级行政区一般为 6 位（如 330105 表示浙江省杭州市的拱墅区），乡镇级行政区一般为 9 位（如 330329103 表示温州市泰顺县的彭村镇）。
3. 行政区面积指该行政区的总面积，单位为 km²。
4. 高程低于 5 m 地区面积指本行政区内地面高程（1985 国家高程基准面下）低于 5 m 的地区面积，单位为 km²。
5. 海岸线长度指本行政区海岸线总长度，单位为 km。
6. 基岩海岸长度可分别调查本行政区内侵蚀性、稳定性、淤长性基岩海岸的长度，单位为 km。

填表人：   审核人：

表 3-14 沿海海平面上升状况表

____（省、区、市）
____（省、区、县级市、区）

填报单位：　　　　　　　　　　　　　　　　　　　　　　　　　　　　　　　　　填报日期：

行政区名称	行政区代码	海平面上升速率（mm/a）	计算所用观测站（点）			数据时间段	备注
			名称	经度（°）	纬度（°）		
				xxx.xxxxxxx	xx.xxxxxxx		

注：1. 行政区名称，全国调查单元为区县级行政区，省级调查单元为乡镇级行政区，填写该行政区的名称。

2. 行政区代码指国家标准的行政区划代码，区县级行政区一般为 6 位（如 330105 表示浙江省杭州市的拱墅区），乡镇级行政区一般为 9 位（如 330329103 表示的是温州市泰顺县的筱村镇）。

3. 计算所用观测站（点）数据时间段：用于计算海平面上升速率的数据起始时间至终止时间，如 20010101~20201231。

填表人：　　　　　　　　　　　　　　　　审核人：

五、海冰

海冰致灾调查需填写海冰致灾孕灾要素调查表，见表3-15。表格示例及注意事项如下。

表3-15　海冰致灾孕灾要素调查表

_____ (省、区、市)

_____ (县级市、区)

填报单位：　　　　　　　　　　　　　　　　　　填报日期：

序号	调查要素	要素值
1	常冰年冰期/d	
2	常冰年严重冰期长度/d	
3	常冰年单层平整冰一般厚度/cm	
4	常冰年海冰密集度/成	
5	常冰年海冰主要冰型	

注：1. 冰期指初冰日至终冰日的间隔天数。按照海冰生消变化特征，冰期分为初冰期、严重冰期和终冰期三个阶段。

2. 严重冰期指严重冰日至融冰日的间隔天数。

3. 常冰年海冰类型填写常冰年严重冰期内海冰的主要冰型，从前往后按照冰型出现的多少填写。

填表人：　　　　　　　　审核人：　　　　　　　　资料出处：

第四章 海洋灾害危险性评估

第一节 评估操作流程

一、风暴潮

（一）国家尺度

评估指标选取应综合考虑风暴增水和风暴潮超警戒两个指标，评估风暴潮灾害危险性。通过计算各潮（水）位站风暴潮灾害年均危险性指数确定危险性等级，风暴增水依据增水大小分为：特大、大、较大、中等和一般五个级别，风暴潮超警戒等级分为：特大、严重、较重和一般四个级别，统计站点历史上风暴潮灾害过程不同级别的风暴增水、风暴潮超警戒的发生频次，计算站点危险性指数。基于沿海岸线数据，将全国沿海岸线按 10 km 间隔进行划分并顺序编号，将危险性指数插值到 10 km 岸段。

（二）省尺度

综合考虑风暴增水和风暴潮超警戒两个指标，评估风暴潮灾害危险性。采用数值模拟的方法模拟影响省域沿海台风及温带风暴潮的过程，时间序列长度不少于 20 年。参考国家尺度风暴潮灾害危险性等级确定方法，计算省域沿海岸段风暴潮灾害危险性等级。

（三）县尺度

1. 风暴潮数值模拟

建立评估区域的风暴潮数值模型。模型验证原则上应选择不少于 10 次风暴潮灾害过程，影响到的主要潮（水）位站累计不少于

30 个。验证要素包括天文潮、风暴增水、总水位、漫滩范围和海浪等。基于经验证的风暴潮数值模型，对区域内各种风暴潮情形进行模拟，计算可能最大台风风暴潮、可能最大温带风暴潮、不同等级台风风暴潮、不同等级温带风暴潮，得到淹没水深和范围等结果。

2. 可能最大风暴潮淹没范围及水深计算

可能最大台风风暴潮是在确定该区域产生最大增水的最不利台风路径条件下，计算台风风暴潮的淹没范围及水深，确定最有利增水的台风路径及天文潮等关键参数。可能最大温带风暴潮是在重构最严重温带天气系统的基础上，确定可能最大温带风暴潮的风场和气压场，计算可能最大温带风暴潮的淹没范围及水深。取可能最大台风风暴潮和可能最大温带淹没范围较大者作为可能最大风暴潮淹没范围及水深结果。

3. 不同等级强度风暴潮淹没范围及水深计算

不同等级强度台风风暴潮按照中心气压将台风划分为不同等级，基于此设定台风关键参数，参考历史典型台风灾害案例确定产生最不利风暴增水的台风路径，进行淹没范围及水深计算，综合形成不同等级强度台风风暴潮的淹没范围及水深。不同等级强度温带风暴潮是基于历史温带天气过程，确定最严重温带天气系统形势，并基于最大持续风速进行强度等级划分，构建温带天气系统风场，进行淹没范围及水深计算，形成不同等级强度温带风暴潮的淹没范围及水深。取不同等级强度台风风暴潮和不同等级强度温带风暴潮淹没范围较大者作为不同等级风暴潮淹没范围及水深结果。

4. 危险性等级评估

基于可能最大风暴潮（可能最大台风风暴潮和可能最大温带风暴潮的较大者）淹没水深和范围，根据危险性等级划分标准，评估风暴潮危险性等级，见表4-1。

表 4-1　县尺度淹没水深危险性等级划分标准

危险性等级	淹没水深/cm
Ⅰ	$[300, +\infty)$
Ⅱ	$[120, 300)$
Ⅲ	$[50, 120)$
Ⅳ	$[15, 50)$

二、海浪

海浪灾害危险性评估需要以中国近海海浪数据为基础，统计计算海浪危险性等级、发生频率等海浪灾害危险性要素，评估中国近海各海区海浪危险性，并绘制中国近海海浪灾害危险性等级分布图及相关图件。

海浪灾害危险性评估主要内容包括：海浪再分析数据集的构建、海浪典型重现期计算、海浪灾害危险区划和评估。

（一）海浪再分析数据集的构建

用于海浪危险性评估的再分析数据集有如下要求：

（1）时间跨度不少于 30 年。

（2）国家尺度的海浪危险性评估，空间分辨率不大于 0.5°；省尺度的海浪危险性评估，空间分辨率不大于 0.1°。

（3）时间分辨率为 1 h。

（4）国家尺度近海海浪的评估范围为我国沿岸向海一侧至东经130°以西的渤海、黄海、东海、台湾海峡、南海及邻近海域，省尺度近海海浪的评估范围为各省根据实际工作需要划定的管辖海域。

针对上述要求，海浪再分析数据集的构建工作内容如下。

1. 再分析风场数据集选取

利用再分析风场数据集，为海浪数值计算提供强迫场。风场数据集要求如下：

（1）风场数据集的空间分辨率不低于 0.5°×0.5°。

（2）选用的大气模型要求能充分考虑积云、下垫面、长波辐射、短波辐射、边界层等物理过程的影响，可融合和同化地面、车载、船舶、浮标、飞机等观测资料及多源卫星遥感资料。

（3）输出要素为海面上高度为 10 m 处的风速、风向；输出时间间隔为 1 h。

2. 构建历史海浪场数据集

目前可免费获取的海浪再分析数据集在空间分辨率上往往难以满足海浪危险性评估的需求。以欧洲预报中心（ECMWF）的海浪再分析数据集为例，经过对比校验发现，该再分析数据集实际是由空间分辨率为 0.75° 的原始数据插值到 0.25° 得来的。因此在没有合适的海浪再分析数据集的情况下，需要重新构建一套适合于中国近海的历史海浪再分析数据集。具体的工作内容如下。

（1）模型选择。选用的海浪模型要求能充分考虑波浪浅化、折射、底摩擦、水深引起的波浪破碎、白帽、风能输入、波-波非线性相互作用等深水和浅水多种物理过程的影响，可用于风浪、涌浪和混合浪的模拟计算。

（2）参数比选和优化。分别选取强冷空气和台风等典型天气系统，进行海浪过程数值模拟，开展关键物理过程的参数比选试验，通过参数优化确定适合于我国近海的参数化方案。根据开展初始条件、边界条件的敏感性试验，最终建立适合于我国近海的海浪数值后报系统。

（3）系统检验。为了能够准确模拟真实的海浪场，需要把模拟结果和实测数据进行对比，并通过进一步调整模型参数，如底摩擦、波浪破碎指标等，使模拟结果与实测数据的偏差控制在可接受的范围内。检验要求分别开展强冷空气和台风等典型天气系统下强海况的后报检验及一般海况下的检验。误差要求：有效波高大于 2 m 以上的相对误差不高于 22%；有效波高的绝对误差不高于 0.5 m。

（4）数据输出要求。输出要素为有效波波高、浪向和周期；输出时间间隔为 1 h。

（5）海浪实况数据的时空差值。时间维度采用线性插值法，空间维度采用最优插值法将卫星高度计数据插值到海浪再分析数据集中，形成融合了卫星高度计数据的海浪再分析数据集（一级产品）。在此基础上采用逐步订正法实现浮标数据与一级产品的融合，形成二级产品，也就是最终的海浪历史再分析数据集。

（二）海浪典型重现期计算

海浪典型重现期及海浪要素数据统计是为海洋灾害危险评估和区划提供分析数据支持以及绘图数据源。国家及省尺度的海浪重现期计算是以再分析数据集为基础；市县尺度的重现期计算以外海深水区多年重现期有效波高、周期、风速为输入参数，基于成熟的海浪模型，采用数值模拟推算近岸海域海浪的多年重现期波高分布。

国家及省尺度的海浪重现期内容如下。

1. 构建年极值序列

根据海浪再分析数据集计算海浪有效波高多年年极值序列，由于年极值大部分出现在每年的台风过程中，风场以及海浪数值模型对于这种极端天气过程的模拟存在较大的误差，需要由预报员根据历史天气过程对过程极值进行人工订正，海浪场的数据拟采用逐步订正法对过程极值附近格点的年极值进行订正。

2. 海浪重现期计算

利用 Pearson Ⅲ 型或 Weibu Ⅱ 分布极值推算方法计算确定每个格点上典型重现期的有效波波高，其中重现期分别考虑 2、5、10、20、50、100 年一遇的情况。

Pearson Ⅲ 型分布的概率密度函数为

$$f(H) = \frac{\beta^{\alpha}}{\Gamma(\alpha)} H^{\alpha-1} e^{-\beta H}$$

$$\alpha = \frac{4}{C_s^2} \tag{4-1}$$

$$\beta = \frac{2}{\overline{H} C_v C_s}$$

式中　H——有效波波高；

　　　$\overline{H}$——有效波波高均值；

　　　C_v——离差系数；

　　　C_s——偏差系数。

有效波波高均值、离差系数和偏差系数可依据有效波波高实测资料按下式计算：

$$\begin{cases} \overline{H} = \dfrac{1}{n} \sum_{i=1}^{n} H_i \\[3mm] C_v = \sqrt{\dfrac{\sum (K_i - 1)^2}{n - 1}} \\[3mm] C_s = \dfrac{\sum (K_i - 1)^3}{(n - 3) C_v^3} \end{cases} \qquad (4\text{-}2)$$

式中　K_i——模比系数，$K_i = \dfrac{H_i}{\overline{H}}$。

利用 Pearson Ⅲ 型分布曲线推算多年一遇波高时，可以采用《海港水文规范》（JTS 145—2—2013）中的选次适定的适线方法。

三参数 Weibu Ⅱ 分布及重现期计算的理论公式和具体过程如下。对变量 x 来说，三参数 Weibu Ⅱ 分布的累计概率分布函数为

$$f(x) = \begin{cases} 1 - \exp\left\{ -\left(\dfrac{x-\gamma}{\alpha} \right)^{\beta} \right\}, & x > \gamma \\[3mm] 0 & , x \leqslant \gamma \end{cases} \qquad (4\text{-}3)$$

式中　α——形状参数，$\alpha > 0$；

　　　β——尺度参数，$\beta > 0$；

　　　γ——位置参数。

设 X 为连续型随机变量，则 X 取值小于 x 的概率为 $f(x)$，取值大于 x 的概率为

$$y(x) = \begin{cases} \exp\left\{-\left(\dfrac{x-\gamma}{\alpha}\right)^{\beta}\right\}, & x > \gamma \\ 1, & x \leq \gamma \end{cases} \tag{4-4}$$

$y(x)$ 的倒数 T 称为重现期。变换为 x 的函数，即可求解重现期为 T 的变量 x 的值，计算式为

$$x = \beta\,[\ln(T)]^{\frac{1}{\alpha}} + \gamma \tag{4-5}$$

利用 WeibuⅡ分布曲线推算多年一遇波高时，可以采用最小二乘拟合法，其中分布函数与浪高资料的拟合建议采用《海港水文规范》中推荐的定位概率公式。

（三）海浪灾害危险性区划和评估

（1）计算每个格点上中国近海年平均、月平均各级浪高的出现频次。

（2）根据国家级省尺度、市县尺度海浪强度划分标准分别计算每个格点上Ⅰ、Ⅱ、Ⅲ、Ⅳ级浪高的年平均出现次数。海浪强度划分标准见表 4-2 和表 4-3。海浪灾害危险指标 H_w 的计算式为

$$H_w = 0.6N_1 + 0.25N_2 + 0.1N_3 + 0.05N_4 \tag{4-6}$$

式中　H_w——海浪灾害危险指标；

　　　N_1——Ⅰ级浪高的年平均出现次数；

　　　N_2——Ⅱ级浪高的年平均出现次数；

　　　N_3——Ⅲ级浪高的年平均出现次数；

　　　N_4——Ⅳ级浪高的年平均出现次数。

表 4-2　国家级省尺度近海海浪强度等级划分标准

海浪强度等级	Ⅰ级	Ⅱ级	Ⅲ级	Ⅳ级
有效波波高/m	$H_s \geq 14.0$	$9.0 \leq H_s < 14.0$	$6.0 \leq H_s < 9.0$	$4.0 \leq H_s < 6.0$

表 4-3　市县尺度海浪强度等级划分标准

海浪强度等级	Ⅰ级	Ⅱ级	Ⅲ级	Ⅳ级
有效波波高/m	$H_s \geq 4.0$	$2.5 \leq H_s < 4.0$	$1.3 \leq H_s < 2.5$	$0.5 \leq H_s < 1.3$

海浪灾害危险性分为四级，根据式（4-6）计算每个格点的海浪灾害危险指标 H_w，并将其进行归一化处理，归一化后的危险指数表示为 H_{wn}，根据海浪灾害危险性等级划分标准确定每个格点上的海浪灾害危险等级，划分标准见表4-4。

表4-4　海浪灾害危险性等级划分标准

危险等级	危险指数
I	$0.75 \leqslant H_{wn} \leqslant 1.0$
II	$0.5 \leqslant H_{wn} < 0.75$
III	$0.25 \leqslant H_{wn} < 0.5$
IV	$0 \leqslant H_{wn} < 0.25$

三、海啸

海啸灾害评估面向沿海战略规划需求，采用基于海啸源场景的确定性评估方法，评估海啸灾害危险性，编制相应比例尺的沿海危险性等级分布图及相关图件，为沿海城市发展规划、区域防灾减灾管理提供科学决策依据，同时为区域尺度风险评估提供指导。通常考虑近海海啸波幅大小作为指标，评估海啸灾害危险性。通过确定潜在海啸源位置和最大震级开展数值计算。根据计算结果，分析海啸危险性，确定危险性等级。海啸灾害危险性依据最大海啸波幅大小可分为 4 级；其中 I 级为最高，代表该海啸致灾强度最大；IV级为最低，代表不会致灾。海啸灾害风险评估和区划技术路线如图4-1所示。

（一）研究方法

海啸危险评估采用数值计算的方法。常用的数值模型能够模拟海啸从产生、传播到增水的整个过程。它的控制方程是基于垂向平均的浅水波方程，采用有限差分法进行计算。模型采用多重网格嵌套技术，从而使得计算精度和计算效率能够兼顾。

由于海啸波是一种超大波长的波，其数百公里的波长比大洋水深

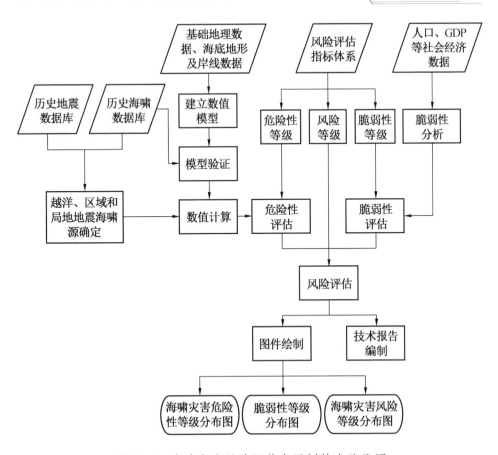

图 4-1 海啸灾害风险评估和区划技术路线图

还要大得多，因此海啸波一般用浅水方程来模拟。浅水理论假设是指相对于重力加速度，水粒子垂直方向的运动可以忽略不计，因此水粒子垂直方向上的运动对于压力分布没有影响，流体处于静力平衡状态；在垂直方向上，流体的水平运动速度是相同的。

海啸在近岸传播过程中，随着水深逐渐变浅，波高逐渐变大，这时波高与水深的最值接近，波浪的非线性作用明显，所以波峰将比波谷传播的快一些，使波峰有超过前面波谷的趋势，并且此时底摩擦效应增大，对波形的稳定性有较大影响，因此应使用非线性浅水方程。

（二）评估流程

1. 潜在震源分析

开展海底地质构造分析，统计和分析太平洋及中国近海主要倾滑俯冲带和地质断层历史地震的震源机制解参数，遵循历史重演和构造类比的原则，综合研究确定可能对我国沿岸造成影响的潜在海啸源及其相关参数。收集的断层应包括日本海沟、马里亚纳海沟、日本南海海槽、琉球海沟、马尼拉海沟、菲律宾海沟、爪哇海沟等。

2. 潜在震源数值计算

建立高分辨率海啸数值计算模型，选择历史海啸个例进行模拟，通过对海啸波幅、淹没深度、淹没范围等计算结果的检验，对模型进行验证。利用高性能计算机进行海量数值计算，同时考虑到海啸灾害的认知程度，还需要对每个震源不同震级的海啸进行计算分析。分析中国近海国家尺度海啸最大波幅。

1）模型建立

根据海啸风险评估需求，建立数值计算模型。确定模型计算的区域范围、空间网格、时间步长等参数，为模型准备必要的水深、地形等基础数据。

海啸初始场计算是利用海床位移量来估算地震引起的初始水面高度，为海啸数值模型提供初始条件。这样做的前提条件是：地震发生错动的过程是一个很短的冲击过程，水面变动与地震引起的地层错动同时发生；忽略断层破裂的复杂性、错位的多向性、破裂层厚度的可变性。目前，国际上比较通用的是 Mansinha & Smylie（1971）以及 Okada（1985）基于弹性错移理论发展的断层模型，大量的研究和应用实例表明此类模型对大部分地震海啸源的计算具有较好的适用性。

海啸模型利用线性长波理论来模拟在海洋中传播的海啸波动。越洋海啸的计算可以采用不考虑底摩擦效应的线性非频散波动理论。海啸波传播至近岸地区时，海啸波传播特征相对于大洋传播将发生一系列变化，其主要表现为非线性效应、底摩擦效应逐步增强，对于浅水和可能发生海水漫滩区域，应利用包含非线性、底摩擦项和对流项的浅水波动方程来模拟海啸波的传播。

2）模型验证

利用海啸数值模型对历史地震海啸过程进行数值计算，将计算得到的海啸波幅和海啸淹水范围与历史记录进行对比，分析数值计算方法的可行性及准确度，确保所得评估结果合理。对于历史地震须保证有完整可信的海啸波幅和淹水范围记录。历史个例检验应超过5个，历史过程站点最大海啸波幅平均误差不超过15%。

3）海啸数值模拟计算

利用验证后的海啸模型进行数值计算，首先根据计算需求，合理配置计算网格分辨率和时间步长，以保证计算效率与精度的平衡。再采用选定的地震参数计算地震海啸初始位移场。接着利用建立的海啸数值模型对评估区域进行计算，通过数值计算获得海啸风险评估和区划所需的最大海啸波幅分布等信息。最后利用大型计算机，利用海啸数值模型计算海啸最大波幅及危险性。

3. 海啸灾害危险指数确定

海啸灾害危险性依据最大海啸波幅的大小分为4级，见表4-5。其中Ⅰ级为最高，代表该海啸致灾强度最大；Ⅳ级为最低，代表不会致灾。

选取评估单元内所有岸段在各种地震海啸源场景下出现的最大波幅值。

表4-5　海啸灾害危险性等级划分标准

等级 H	最大波幅/m	潜在影响
Ⅰ	$(3, +\infty)$	大范围淹没
Ⅱ	$(1, 3]$	局部淹没
Ⅲ	$(0.5, 1]$	近岸强流
Ⅳ	$(-\infty, 0.5]$	无威胁

四、海平面上升

考虑海平面上升、潮汐特征等危险性指标，获取各评估单元的指标值，利用分级赋值法和加权平均法计算各评估单元的危险性指数值。根据计算得到的各评估单元的危险性指数（SLRI）评估各单元的海平面上升危险性。SLRI 取值越大，该评估单元的海平面上升危险性越大。危险性因子通过海平面上升、潮汐特征、高程低于 5 m 地区占比和海岸线状况来表征，评估步骤如下。

（1）海平面上升分析与预测。分析中国沿海海平面的长期变化趋势以及年代际、年际和季节变化特征，计算各岸段的海平面上升速率，对未来中国沿海海平面上升情况作出预估。

（2）潮汐特征分析。在海平面上升背景下潮汐特征变化剧烈的地区易造成较重影响，危险性较高，利用沿海验潮资料分析各岸段的潮汐特征，计算各岸段的平均潮差。

（3）地面高程状况分析。地面高程低于 5 m 的沿海地区极易受到海平面上升的直接影响，计算各评估单元沿海地区面积占评估单元总面积的比例，作为高程状况指标的数量值。其中沿海地区面积利用 DEM 数据计算获得，选取与海相连且地面高程低于 5 m 的范围作为沿海地区。

（4）岸段海岸状况分析：根据各评估单元所辖岸段的海岸线类型和稳定性，判定各单元易受海平面上升影响的程度，采用分级赋值法对各评估单元的海岸状况进行数量化。

（5）危险性指数计算。获取各县级行政单元的各项指标数值，利用分级赋值法和加权平均法计算各评估单元的危险性指数值，指数值的大小反映各评估单元危险性程度的高低。利用层次分析法计算各评估指标的权重系数。海平面上升风险评估指标见表 4-6。

表 4-6　海平面上升风险评估指标

因子层		指标层
危险性	海平面变化	海平面上升速率（mm/a）
	潮汐特征	平均潮差（cm）
	地面高程状况	高程低于 5 米的沿海地区面积占比（%）
	海岸状况	海岸线类型和稳定性

遵循可比较原则，对各评估单元间的评估指标进行标准化处理，形成的标准化量值反映海平面上升对评估因子在不同评估单元间的影响程度。评估指标的标准化量值用于评估模型的计算。根据计算得到的各评估单元的危险性指数可用于评估各单元的海平面上升风险程度。海平面风险程度与危险性指数和脆弱性指数成正比，即 SLRI 取值越大，该评估单元的海平面风险越大。

五、海冰

海冰灾害危险性评估主要分为国家尺度和省尺度。国家尺度和省尺度海冰灾害危险性评估采用相同的工作流程与技术方法，国家尺度以沿海地级市为评估单元，省尺度以沿海县（市、区）为评估单元。主要工作内容包括评估指标选取与分析、海冰灾害基本特征及重大（典型）海冰灾害实例分析、危险性等级评估和图件制作 4 个方面。

（一）评估指标选取与分析

基于海冰致灾孕灾要素调查数据，获取海冰厚度、冰期和海冰密集度等作为主要指标对结冰海区的冰情时空分布特征进行统计分析。

（二）海冰灾害基本特征及重大（典型）海冰灾害实例分析

选择结冰海区曾经发生的重大或典型海冰灾害实例进行分析，找出导致灾害发生的主要原因，用于核实分析海冰危险性等级的冰情要素。

（三）危险性等级评估

海冰危险性等级是在综合考虑评估海域多年平均海冰严重冰期、海冰厚度以及海冰密集度等冰情要素特征基础上，按照高（Ⅰ级）、较高（Ⅱ级）、一般（Ⅲ级）、较低（Ⅳ级）和低（Ⅴ级）5 个等级进行划分。

（四）图件制作

形成海冰灾害危险性等级分布图，国家尺度分布图（分别包括沿岸和渤海油气开采区）的编制比例尺不低于 1∶100 万，省尺度比例尺不低于 1∶25 万。

第二节　评估结果与制图

一、风暴潮灾害危险性评估

风暴潮灾害危险性评估是面向国家及地方沿海战略规划、防灾减灾需求，分析研究风暴潮灾害强度、发生频率，评估风暴潮灾害危险性，编制危险性等级分布图及相关图件，为国家及地方经济社会发展规划、沿海开发、海岸带管理、海域海岛管理以及国家防灾减灾决策提供科学依据。成果包括以下内容：国家、省、县尺度沿海风暴潮灾害危险性等级分布图；县尺度可能最大、不同等级风暴潮淹没范围及水深分布图。

二、海浪灾害危险性评估

根据海浪要素统计分析数据，面向国家海上战略规划、防灾减灾需求，分析研究海浪灾害强度、发生频率，评估海浪灾害危险性，编制比例尺不低于 1∶100 万的中国近海海浪灾害危险性等级分布图及相关图件和编制比例尺不低于 1∶25 万的海浪灾害危险性等级分布图及相关图件。绘制的图件类别如下：海浪玫瑰图、各典型重现期海浪有效波高分布图、各级浪高的年平均频率分布图、各级浪高的月平均频率分布图。

三、海啸灾害危险性评估

面向国家及地方沿海战略规划等需求，采用基于海啸源场景的确定性评估方法，评估海啸灾害危险性，编制危险性等级分布图及相关图件，为沿海城市发展规划、区域防灾减灾管理提供科学决策依据，同时为区域尺度风险评估提供指导。海啸灾害危险性评估图集包括：潜在地震海啸源情景下海啸最大波幅分布图，海啸综合危险性等级分布图，可能最大海啸危险性等级分布图。

四、海平面上升危险性评估

面向国家沿海战略规划、防灾减灾等需求，分析中国沿海的海平面上升状况、特征潮位状况、地面高程状况和海岸状况，评估海平面上升危险性，编制全国沿海海平面上升危险性评估成果图，为经济社会发展规划、沿海重大工程选址、国家防灾减灾决策提供科学依据。海平面上升危险性评估图集包括：沿海地区各岸段海平面变化状况分布图，评估单元海平面上升危险性分布图。

五、海冰危险性评估

国家尺度危险性评估根据我国结冰海区的油田（群）及石油平台实际分布状况，将结冰海区海上油气开采区（主要是渤海）也作为国家尺度海冰灾害危险性评估范围。海冰灾害危险性评估分布图的编制比例尺不低于 1：100 万。海冰灾害危险性评估图集包括：沿海海冰危险性等级分布图，渤海油气开采区海冰危险性等级分布图，海冰危险性指数分布图。

第三节　示例与注意事项

不同重现期海浪有效波高分布图示例如图 4-2 所示。

海啸危险性评估以舟山市定海区为例。定海区最大海啸波幅分布如图 4-3 所示，舟山市海啸灾害危险性等级分布如图 4-4 所示。从全国海啸灾害危险性评估结果来看，舟山市是我国东部沿海最易受越洋海啸影响的地级市。数值模拟结果显示，虽然受琉球群岛等第一岛链的阻隔和东海宽广大陆架地形摩擦效应影响，越洋海啸大部分海啸波均能被反射或衰减，但受陆架边缘波动影响，东海陆架振荡产生的陆架波在地形作用下具有放大效应，导致舟山东部沿海海啸波幅较大。

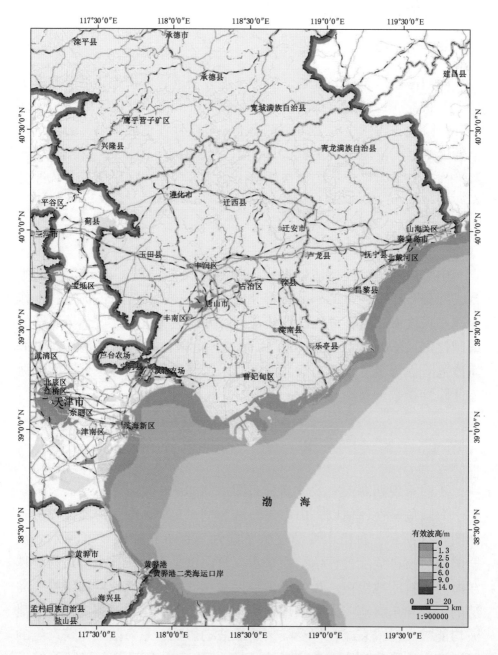

图4-2　河北省近海100年一遇有效波高分布图

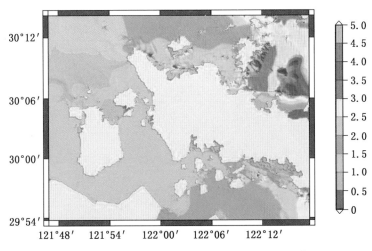

图 4-3 舟山市定海区最大海啸波幅分布

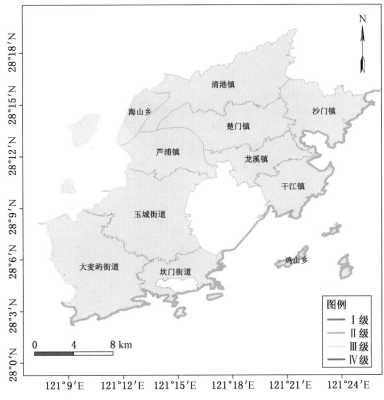

图 4-4 舟山市海啸灾害危险性等级分布图

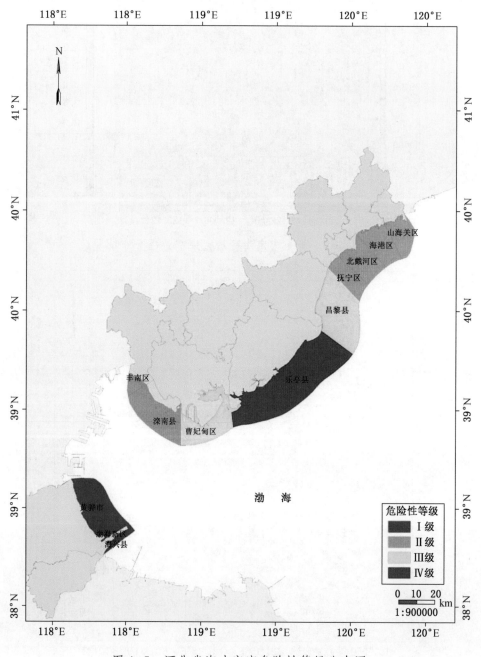

图 4-5 河北省海冰灾害危险性等级分布图

　　国家级海平面上升危险性评估以区县级行政区为评估单元，省级以乡镇级行政区为评估单元，评估结果中行政区名称必须与国家权威部门发布的行政区名称保持一致。按照海平面上升危险性评估方法，计算各评估单元危险性并制作危险性分布图。

　　海冰危险性评估按照《海洋灾害风险制图规范》要求，绘制出全国海冰冰情等级分布图。省级图件的绘制注意事项与国家级相似，差别主要是比例尺不同，以及无海上油气开发区域的图件。河北省海冰灾害危险性评估如图4-5所示。

第五章　海洋灾害重点隐患
调　查　与　评　估

第一节　海洋灾害重点隐患调查操作流程

为掌握翔实准确的海洋渔业、海岸防护工程（海堤）、滨海旅游区等承灾体空间分布及灾害属性特征，掌握受海洋灾害影响的人口、经济、设防水平等底数信息，开展本项工作。

一、调查准备

根据承灾体调查底图，结合当地历史海洋灾害情况、海洋渔业资源分布情况，确定调查对象，制定工作方案，收集承灾体基础地理信息和历史灾情等基础数据资料。

二、信息获取

可通过资料收集、遥感影像解译、现场调查等方式获取承灾体信息。资料收集应采用权威部门和单位提供的近 2 年的数据或可获取的最新数据；遥感影像解译应按照海岸带和海洋遥感相关标准规范开展；现场调查宜按照相关标准规范开展。

三、成果汇集

对海洋灾害承灾体调查的原始资料、过程资料和成果资料进行汇交，主要成果包括工作方案、原始资料、成果资料、工作报告、技术报告及归档资料清单等。

四、质量控制

采用地方自检和逐级核验相结合的方式，对海洋灾害承灾体调查的原始资料、过程资料和成果资料进行质量控制，主要检查资料种类的齐全性、内容的完整性和数据的准确性。

第二节 调查表填报说明

海洋灾害重点隐患调查各类表格主要项目解释如下。

（1）海堤排查单元：同一防潮（洪）闭合圈的海堤或原设计批复或验收的堤段为一个调查评估单元。

（2）海堤隐患类型：包括堤顶沉降，堤前滩面沉降，堤前抛石塌陷、冲损等，护面块体变形、裂缝、塌陷、冲损等，防浪墙或挡浪墙变形、裂缝、塌陷、冲损，交叉建筑物与海堤连接处存在开裂、脱空、错位等破损，堤身存在渗漏，防渗土体出现塌陷等。

（3）设计高程：若为统一数值则只填写该数字，若不同断面处的设计高程不一致，则根据断面顺序依次填写设计高程数据。

（4）港区渔船总数：沿海省（市、区）所登记的所有渔船的数量。

（5）60马力以上渔船数量：沿海县（市、区）所登记的所有60马力以上渔船数量。

（6）60马力以下渔船数量：沿海县（市、区）所登记的所有60马力以下渔船数量。

（7）12 m以上渔船数量：沿海县（市、区）所登记的所有12 m以上渔船数量。

（8）12 m以下渔船数量：沿海县（市、区）所登记的所有12 m以下渔船数量。

（9）渔港名称：按照三级和三级以上渔港或锚地日常运行管理

的现行名称填写。

（10）渔港所在地：渔港或锚地所在地行政区划名称，要求填写到行政村级。

（11）渔港坐标：渔港或锚地中心位置的经纬度，单位为（°′″），秒的数值精确到小数点后一位，如 E120°10′10.5″，N29°10′10.5″。

（12）港区或锚地面积：港区或锚地可供船舶停泊的面积。

（13）渔港建成日期：渔港或锚地的竣工时间。

（14）可否避台：渔港或锚地可否允许船舶避台。填"是"或"否"。

（15）淤泥及疏浚情况：渔港、锚地的年净淤积量。

（16）可容 60 马力以上渔船数量：渔港或锚地可容 60 马力以上渔船数量。

（17）可容 60 马力以下渔船数量：渔港或锚地可容 60 马力以下渔船数量。

（18）10 年期有效波高和 10 年期风暴潮高潮位通过统计得出。

（19）海床冲刷或淤积深度通过数值模拟得出。

（20）海水养殖受损概率通过计算得出。

（21）海水养殖区隐患级别通过计算结果判定。

（22）贝类底播壳长与埋栖深度二选一填写，优先选填埋栖深度。

（23）隐患（区）点记录表代码：所属隐患区编码。

（24）隐患（区）点序号：隐患点序号。

（25）隐患（区）点名称：隐患点名称。

（26）隐患（区）点类型：按照隐患点确定方法中的类型选择相应类别。

（27）隐患（区）点位置：隐患点所在行政区名称，要求填写到行政村级。

（28）隐患（区）点坐标：隐患点处地理坐标的经度和纬度，单位为（°′″），秒的数值精确到小数点后一位，如 E120°10′10.5″，N29°10′10.5″。

第三节 示例与注意事项

重点隐患调查表分别参照海岸防护工程、渔港、海水养殖区、滨海旅游区等相关技术规范、本章第二节填表说明以及结合本地区实际情况进行填写。海洋灾害重点隐患调查与评估需填写海岸防护工程隐患现场调查表、海岸防护工程隐患记录表、渔港隐患现场调查记录表、滨海旅游区基本信息调查表、海水养殖区隐患调查记录表、自然灾害综合评估需求信息表、海洋灾害隐患记录表，各项调查表分别见表5-1至表5-7。

表5-1 海岸防护工程隐患现场调查表

_____（省、市）

_____（县、县级市、区）

填报单位：   填报日期：

基本信息 （若附页则标 注附页序号）		调查单元			
		海堤类型		是否位于岸滩冲刷区	
基本数据 （若有多组数 据则按照下列 断面顺序依次 填写）		设计堤顶高程/m			
		设计堤前高程/m			
		设计防渗透土顶 高潮位高程/m			
实测数据 （若有更多 断面则另 附表格）	断 面 A	经度纬度/(°)	×××.××××××，××.××××××		
		堤顶现状高程/m		堤顶高程差值/m	
		堤前现状滩面高程/m		堤前滩面高程差值/m	
		防渗透土顶现状高程/m		防渗透土顶高程差值/m	
		隐患类型		隐患等级（初判）	
		情况描述			

表 5-1（续）

实测数据（若有更多断面则另附表格）	断面B	经度纬度/(°)	×××.××××××，××.××××××		
		堤顶现状高程/m		堤顶高程差值/m	
		堤前现状滩面高程/m		堤前滩面高程差值/m	
		防渗透土顶现状高程/m		防渗透土顶高程差值/m	
		隐患类型		隐患等级（初判）	
		情况描述			
	断面C	经度纬度/(°)	×××.××××××，××.××××××		
		堤顶现状高程/m		堤顶高程差值/m	
		堤前现状滩面高程/m		堤前滩面高程差值/m	
		防渗透土顶现状高程/m		防渗透土顶高程差值/m	
		隐患类型		隐患等级（初判）	
		情况描述			
	断面D	经度纬度/(°)	×××.××××××，××.××××××		
		堤顶现状高程/m		堤顶高程差值/m	
		堤前现状滩面高程/m		堤前滩面高程差值/m	
		防渗透土顶现状高程/m		防渗透土顶高程差值/m	
		隐患类型		隐患等级（初判）	
		情况描述			
隐患治理建议					
备注		1. 在情况描述中注明该断面照片编号。 2. 隐患类型从以下选项中选择：填表时只填写字母，若无隐患画"×"。 　A. 堤顶沉降 　B. 堤前滩面沉降 　C. 堤前抛石塌陷、冲损等 　D. 护面块体变形、裂缝、塌陷、冲损等			

表 5-1（续）

备注	E. 防浪墙或挡浪墙变形、裂缝、塌陷、冲损 F. 交叉建筑物与海堤连接处存在开裂、脱空、错位等破损 G. 堤身存在渗漏 H. 防渗土体出现塌陷 I. 其他（在情况描述中附文字说明） 3. 设计高程若为统一数值则只填写该数字，若不同断面处的设计高程不一致，则根据断面顺序依次填写设计高程数据。 4. 断面 A 至断面 D 是重点描述的 4 个影响较大的隐患点，若多于 4 处可另附页

填表人：　　　　　　审核人：　　　　　　资料出处：

表 5-2　海岸防护工程隐患记录表

_____（省、市）

_____（县、县级市、区）

填报单位：　　　　　　　　　　　　　　填报日期：

调查单元名称				判定等级
基本信息				
整体防御能力	堤坝体破损点数目		严重破损点个数	
	堤顶高程变化程度		最大高程差值/m	
稳定性	是否位于岸滩冲刷区		海堤类型	
	堤前滩面高程变化情况		最大堤前滩面高程差值/m	
消浪防冲设施	堤前抛石损毁点个数		严重冲损点个数	
	护面块体损毁点个数		严重冲损点个数	
	防浪墙或挡墙损毁个数		严重冲损点个数	
交叉建筑物	连接部位破损数量		严重破损点个数	
可视渗透	渗透点数量		明显渗漏点个数	
防渗土体	塌陷点数量		最大土体高程差值/m	

表5-2（续）

其他隐患点	
综合隐患等级	
备注	1. 每个调查单元形成一张隐患等级调查表。 2. 在堤坝基本信息处可以填写修建年代及中途修缮次数及时间。 3. 若堤坝后方的被保护单元为民房等涉及人身及财产安全的隐患点，可以在其他隐患点栏目中填写。 4. 堤前滩面高程变化情况填写自海堤建成至今堤前滩面"冲刷"或"淤积"

填表人：　　　　　　审核人：　　　　　　资料出处：

表5-3　渔港隐患现场调查记录表

_____（省、市）

_____（县、县级市、区）

填报单位：　　　　　　　　　　　　　　　　填报日期：

渔港名称		经度纬度/(°)	×××.××××××， ××.××××××	隐患等级
历史灾情 （近5年）	致灾原因	灾害强度	损失情况	
工程防护隐患	护岸、防波堤类型	设计防护标准	护岸、防波堤破坏情况	
	10年重现期海浪港区内外波高/m	锚地淤积及疏浚情况（年净淤积量）/($m^3 \cdot a^{-1}$)	附属设施抗风险等级	
靠泊容量隐患	设计船型/m	设计靠泊容量/只	实际防台靠泊量/只	
作业管理隐患	灾害防范管理制度		作业安全	

表 5-3（续）

综合隐患等级	

其他备注信息：

注：1. 设计船型填写设计停靠船只的尺寸范围，单位为 m，如 "12~30" 表示船型尺寸在
   12~30 m 之间。

2. 作业安全填写锚泊、加油、加冰、装卸设施等作业安全。

填表人：   审核人：   资料出处：

表 5-4 滨海旅游区基本信息调查表

_____（省、市）

_____（县、县级市、区）

填报单位：   填报日期：

	指标名称	指标值	备注
海滩浴场 基本信息	地点		
	管理单位		
	其中：联系人		
	联系方式		
	海域管理号		
	用海面积/hm²		
	占用岸线/m		
	海滩岸线起止 经度纬度/(°)	×××.××××××，××.××××××； ×××.××××××，××.××××××	
	旺季日均游客量/人		
	近年溺水事故数/个		
	近年溺亡人数/人		

填表人：   审核人：   资料出处：

表5-5 海水养殖区隐患调查记录表

_____ (省、市)

_____ (县、县级市、区)

填报单位：　　　　　　　　　　　　　　　　　　填报日期：

海水养殖单元		地点			养殖方式		
中心点经度纬度/(°)	×××.××××××, ××.××××××	年产值/万元		面积/hm²		养殖水深/m	隐患等级
历史灾情 (5年)	致灾原因	灾害强度		损失情况			
贝类底播养殖	品种	播苗及采捕时间周期/月		1/2/3周龄的壳长/cm		1/2/3周龄的埋栖深度/cm	
	10年期风暴潮高潮位/m	10年期有效波高/m		海床冲刷或淤积/m		受损概率/%	
HDPE深水网箱	网箱规格尺寸/m	锚锭形式		布放水深/m		10年期有效波高/m	
HDPE浮筏渔排	平均尺寸/m	单元格平均尺寸/m		布放水深/m		10年期有效波高/m	
近岸池塘养殖区	海堤防护标准	10年期风暴潮高潮位/m		当地平均高潮位/m		地势高程/m	

注：1. 10年期有效波高和10年期风暴潮高潮位通过统计得出；海床冲刷或淤积通过数值模拟得出；受损概率通过计算得出；隐患级别通过计算结果判定。除此五项外，其他项需通过现场调查或测量得出。

2. 贝类底播壳长与埋栖深度二选一填写，优先选填埋栖深度。

填表人：　　　　　　　审核人：　　　　　　　资料出处：

表 5-6 自然灾害综合评估需求信息表（海洋站点、岸线、灾情）

填报单位：_____（省、市）

_____（县、县级市、区）

填报日期：

序号	调查要素	要素值					
1	海洋观测站点名称						
2	海洋观测站点经度纬度/(°)	×××.×××××××, ××.×××××××					
3	海岸线长度/km						
4	历年灾损	发生时间（年 月 日）	事件名称	区域	受灾人口/万人	死亡人口/人	直接经济损失/万元	备注

填表人：   审核人：   资料出处：

表 5-7 海洋灾害隐患记录表

_____（省、市）
_____（县、县级市、区）

填报单位：_____   填报日期：_____

| 编码 | 隐患点名称 | 承灾体类型 | 隐患等级 | 地点 | 经度纬度/(°) | 范围 | | 隐患整改建议 |
						长度/m	面积/ha	
					xxx.xxxxxx，xx.xxxxxx			

注：
1. 编码填写所属隐患区编码。
2. 承灾体类型填写重点隐患调查海岸防护工程、渔港、滨海旅游区、海水养殖区四类承灾体。
3. 隐患等级填写阿拉伯数字，如 1、2、3。
4. 地点填写隐患点所在行政区名称，要求填写到行政村级。
5. 经度纬度填写隐患点处地理坐标的经度和纬度。
6. 1 ha（公顷）= 0.01 km²。

填表人：   审核人：   资料出处：

84

第四节 海洋灾害重点隐患评估操作流程

一、沿海防护工程（海堤）

（一）基础资料获取

充分收集被调查海堤的勘测、设计、施工、验收、运行管理及工程现状等资料，重点收集批准的海堤设计和竣工验收文件。获取海岸防护工程的位置分布、类型、长度、堤顶和挡浪墙顶高程、设计防护标准等信息以及堤后保护区域内的重要承灾体信息。

（二）现场调查评估

（1）确定调查评估单元。以同一防潮（洪）闭合圈的海堤或原设计批复、验收的堤段作为一个调查评估单元。利用无人机对该单元进行排查拍摄，并初步找出隐患点，以便选取测量断面。

（2）选取典型断面。综合考虑结构型式、地质条件、堤顶沉降、堤前滩涂、海堤走向等因素，选取相对不利断面。典型断面数量一般不少于3个，宜按间距0.5~1.0 km选取，最大不得超过2.0 km。对地质条件变化大、断面型式不一、工况差异明显、安全状况差等堤段应加密选取。为提高效率可以参考以下点作为断面：①起点；②终点；③堤坝走势发生明显转折处；④堤顶出现沉降处；⑤防浪消浪设施出现损毁处；⑥有交叉建筑物处；⑦背海侧防渗土体有塌陷处；⑧与上一处断面距离超过2.0 km处。

（3）在每处典型断面处做以下测绘工作，取得所需信息并拍摄照片。

（三）隐患判定

1. 防潮（洪）标准隐患

以最薄弱断面进行界定，根据实测堤顶高程与设计堤顶高程的差值进行判定，当堤顶高程差值≥60 cm时，为一级隐患；当堤顶高程差值为30~60 cm时，为二级隐患。

2. 结构安全隐患

（1）整体失稳。根据近三年实测堤前滩地高程与批准的工程设计文本所确定的堤前滩地高程差值进行判定，当差值≥1 m时，为一级隐患；当差值在0.5~1 m时，为二级隐患。

（2）消浪防冲设施。根据堤脚抛石、护面块体、防浪墙等消浪防冲设施状态进行判定，若存在明显变形、裂缝、塌陷、冲损等失稳情况时，为二级隐患；存在少量变形、裂缝、塌陷、冲损等失稳情况时，为三级隐患。

（3）交叉建筑物。根据交叉建筑物与海堤连接部位的破损情况进行判定，存在贯穿性或严重的开裂、脱空、错位等破损时，为二级隐患；存在少量的非贯穿性开裂、脱空、错位等破损时，为三级隐患。

3. 渗流稳定

（1）可视渗漏。对海堤的背水坡、护塘地与护堤河之间以及交叉建筑物连接位置进行观察，集中渗漏点应加密观察，重点关注外海高潮位时刻，必要时采取一定措施进行渗漏量测量。根据观测结果进行判定，存在明显渗漏时，为二级隐患；存在局部渗漏或护塘地存在开挖取土现象时，为三级隐患。

（2）根据防渗土体高程与设计高潮位差值进行判定，当差值≤0 m时，为一级隐患；当差值在0~0.3 m时，为二级隐患；当差值在0.3~0.5 m时，为三级隐患。

（四）成果集成

将收集的资料进行汇总和核实，统一调查评估数据及图件的格式，对数据、图件、照片等相关调查资料进行整编。调查评估工作完成后编制技术报告及图件，技术报告应包括调查评估工程基本情况、海堤平面布置图、典型断面布置图、调查评估过程、调查评估结论。

二、滨海旅游区

（一）基础资料获取

（1）地理信息。收集海滩浴场基本信息，包括位置、用海面积、占用岸线长度、历史事故等；收集调查评估岸段的多源遥感数据资料以及数据获取的时间、坐标、空间分辨率、光谱波段、空间范围等；收集调查评估岸段的岸线数据、水深地形数据（向海 20 m 以浅或 2 km 范围以内），比例尺应高于 1∶2000。

（2）水文数据。收集调查评估岸段过去 2 年的潮位和海浪资料，主要包括：逐月月平均和裂流发生当日的高低潮位、大潮潮差、月平均和裂流发生当日平均有效波高、月平均有效波周期。选择的站点应为近岸代表站或近岸浮标。

（3）地质要素。对调查评估岸段砂质进行采样和粒度分析，获取中值粒径。采样的位置应为岸滩形态变化的典型区域，垂直岸线方向取 2~3 个采样点，在距表层 0.05~0.2 m 深度取样，采样质量大于 0.5 kg。

（二）遥感和动力分析

在遥感影像解译分析、海滩地形动力分析、水动力数值分析 3 种相互独立的方法中应至少选取 2 种，对调查评估岸段开展裂流灾害隐患分析并参照技术规范判定隐患指数。

（三）现场调查

应综合考虑我国各滨海旅游区水文、地质、气候特点及差异。在裂流高发的大潮日、低潮、大浪其间，及时组织现场调查评估；在飞行器及目视观测、浅滩地形测量、染料示踪、走访询问、其他方法中至少选取 2 种，判断有无裂流隐患并参照技术规范确定隐患指数。

（四）隐患判定

利用现场调查结果对遥感和动力分析进行修正，综合各项判定方法的隐患指数进行隐患判定。

（五）成果集成

将调查评估获取的资料和数据进行汇总和核实，对调查评估数据的格式进行统一转换，对数据、照片、视频等相关调查资料进行整编。调查评估工作完成后编制技术报告及图件，技术报告应包括调查评估区域基本情况、调查评估过程、调查评估结论。

三、渔港

（一）资料收集

渔港受灾风险分析需要调研的资料包括：渔港的地理信息、水文气象、基本情况及管理资料；港内渔船的代表船型、基本情况、渔船锚泊方式等资料；管理体系相关资料。

（二）图件编制

根据技术规范要求编制承灾体分布图，包括渔港、锚地、海上航线分布图；防波堤设施分布图；港内渔船分布图以及其他承灾体分布图。分布图应反映主要承灾体分布情况和区域的相关地形地物特征，方便政府部门和权属单位对图面进行判读和利用。

（三）隐患评估

渔船受灾风险隐患分析总体上分为渔港风险隐患分析、渔船风险隐患分析和管理体系隐患分析三部分内容。其中，渔港风险隐患分析主要考虑渔港防台等级与实际影响台风等级的差距。渔船风险隐患分析主要考虑渔船整体性能及局部健康状况、附属构件健康状况、渔船横摇周期与港区极端波浪周期关系、港区设计容量与实际需求关系、渔船锚泊风险。管理体系隐患分析主要考虑管理体制是否完善、管理机制是否科学和管理制度是否健全。

（四）成果集成

将调查评估获取的资料和数据进行汇总和核实，对调查评估数据的格式进行统一转换，对数据、照片、视频等相关调查资料进行整编。调查评估工作完成后编制技术报告及图件，技术报告应包括调查评估区域基本情况、调查评估过程、调查评估结论。

四、海水养殖区

（一）资料收集

收集海水养殖区的位置、范围、养殖方式、产量、历史灾情、10年一遇风暴潮及海浪强度、水深及岸线数据；贝类底播养殖品种、壳长与周龄关系、播苗及采捕时间周期；HDPE 深水网箱规格尺寸、锚碇形式、布放水深；近岸池塘养殖区的海堤防护标准、单体池塘平均面积、单体池塘平均水深、围堰坡度；HDPE 浮筏渔排平均尺寸、单元格平均尺寸、布放水深。

（二）隐患判定

（1）贝类底播。根据养殖区 10 年一遇的风暴潮、海浪灾害强度以及技术规范计算所得养殖区各龄贝类受损概率的结果，判定隐患区。

（2）HDPE 深水网箱。在 10 年一遇的有效波高情景下，根据网箱构件破坏情况和养殖功能受影响程度判定隐患等级。

（3）近岸池塘。无海堤防护或未合拢、非标准海堤后方且地势高程低于当地平均高潮位的近岸池塘养殖区，判定为隐患区；设计防潮标准小于等于 10 年一遇标准的海堤后方且地势高程低于当地平均高潮位的近岸池塘养殖区判定为隐患区；

（4）浮筏渔排。在 10 年一遇的有效波高情景下，根据渔排构件破坏情况和养殖功能受影响程度判定隐患等级。

（三）成果集成

制作技术报告、隐患区表单和隐患空间分布图。核查近 5 年内严重受灾次数及灾情，并根据实际受灾情况对判定结果进行合理修正。

五、总体判定

（一）资料收集

按照相关技术规范，收集地理信息、海洋观测、历史灾害等基础资料，调查获取沿海防护工程（海堤）、滨海旅游区、渔船渔港、海水养殖区四类承灾体相关资料。

地理信息是指主要收集排查地区比例尺不低于 1∶1 万的数字高程模型（DEM）资料，时限性要求不超过两年。

海洋观测资料是指主要收集排查地区历史风暴潮灾害过程中沿海及近海潮（水）位站潮位、海浪等观测资料。对于河口地区，应额外收集具有代表性的水文站观测资料。获取符合警戒潮位核定规范确定的警戒潮位值，警戒潮位值应统一到 1985 国家高程基准。

历史灾害资料是指主要收集排查区域历史海洋灾害灾情资料，包括淹没情况、沿海防护设施损毁、海洋渔业损失、重要基础设施破坏、人员伤亡、经济损失等情况。

海水养殖区主要调查内容为海水养殖区的位置、面积、养殖方式、养殖种类、产量或产值等；渔港类主要调查内容为已建成渔港和避风锚地的位置、面积、容纳量及港区内渔船吨位、尺寸等；滨海旅游区主要调查内容为已投入运营的沿海风景名胜、海水浴场等的位置、级别等。沿海防护工程（海堤）主要调查内容为海堤的设计数据、现状数据、破损点个数、类型等。

（二）补充调查

1. 海堤现场调查

海堤数据在资料收集的基础上，开展现场勘查、海堤工程图件与实况比对相结合的方式，保证堤防数据的准确度和现实性。同一名称、规划、设计、施工标准的海堤为一个自然段；在一个自然段的海堤上，至少须对其首、末、中段三个以上的点位进行坐标及高程测量（其中必须包括一个沉降最低点的测量）；对于跨行政区的海堤自然段，则测量本县级行政区域内的海堤。通过分析收集到的堤坝信息，梳理出各种险工、险段信息（主要有未合拢海堤、病险海堤、没有达到防洪潮标准的海堤、病险水闸泵站等）；然后现场测量这些海堤设施的坐标、高程等要素，并对其进行拍照、录像，详细收集这些险工、险段的历史受灾情况。海堤测得的坐标，还须与遥感图件进行比对，如有较大偏差，则须核实或重新测量。

2. 其他海洋灾害重要承灾体调查

在资料收集、遥感调查分析的基础上，参照《海洋灾害承灾体调查技术规程》和重点隐患调查等相关技术规范，对不能满足排查要求的数据开展现场补充调查。现场补充调查包括测量主体工程的位置和结构属性信息，并拍照、录像以获取现场数据和图像资料。海水养殖区主要调查养殖区位置、面积或范围、养殖方式、养殖种类、产量或产值等；渔港主要调查已建成渔港和避风锚地的位置、面积、容纳量及港区内渔船吨位、尺寸等；滨海旅游区包括已投入运营的沿海风景名胜、海水浴场等，主要调查旅游区位置、级别、面积、设计日游客接待量等。

（三）隐患区（点）确定

1. 向陆一侧隐患区（点）确定

在潮位、海浪、警戒潮位等致灾孕灾环境数据调查的基础上，针对排查区域内的防御海堤、护岸、水闸等防护工程，排查其防御能力（漫堤淹没）、结构安全（失稳溃堤）、渗流稳定（管涌渗流）三方面隐患，确定隐患堤段及其后方隐患区域，并提出工程整治建议。对于没有海堤的岸段，根据潮位观测数据排查低洼地区的漫滩淹没隐患。

参照《海洋灾害隐患排查技术规范》，若当地海堤防潮标准、警戒潮位、平均高潮位和排查区域的高程，满足以下条件之一的，即为海洋灾害隐患区（点）：

（1）无海堤防护岸段后方，且地势低于当地平均高潮位并包含重要承灾体的区域。

（2）非标准海堤、未合拢、破损、底脚掏空的堤段及其后方地势高程低于当地平均高潮位且有重要承灾体的区域。

（3）标准海堤在橙色警戒潮位或橙色海浪预警以及更高级别预警情况下，根据《海洋灾害隐患排查技术规范》附录 A 判定有防御能力、结构安全、渗流稳定等方面的隐患位置或堤段。

（4）标准海堤设计防潮标准或现状防潮标准小于等于 10 年一遇的位置或堤段及其后方地势高程低于当地平均高潮位且有重要承灾体的区域。

（5）城市排水管渠出水口高程低于当地平均高潮位的位置。

2. 向海一侧隐患区（点）确定

1）海洋设施渔业灾害风险隐患排查

针对网箱、池塘、底播、浮筏等典型海洋设施渔业养殖区，根据养殖区受灾机制、历史受灾、重现期灾害强度，按照相关技术规范排查风暴潮、海浪灾害风险较高的海水养殖隐患区。

2）渔港灾害风险隐患排查

对我国主要渔港开展动力灾害隐患排查工作，针对港区防护工程、灾害风险、渔船停靠锚泊安全、管理机制等开展主要致灾因素分析，重点排查水动力环境危险性、防护结构脆弱性、锚地和航道的冲刷和淤积、渔船锚泊安全等隐患。

3）滨海旅游区灾害风险排查与警示

针对重点滨海旅游区基础设施、水动力环境、冲刷侵蚀、安全管理等方面，按照相关技术规范，调查滨海旅游区海洋灾害隐患，主要侧重海浪、裂流等导致人员伤亡的主要常规性致灾、致险隐患，并在隐患岸段设立警示标识。

3. 结果核验

海洋灾害隐患区域确定后，应采用地方自检和逐级核验相结合的方式，征求地方相关行业部门对隐患排查结果的意见，对有疑问或问题的隐患区（点）开展实地踏勘，结合历史灾情比对，核验并修正完善隐患排查成果。

4. 成果分析整合

整合分析各海区隐患排查成果，形成隐患数据表单及数据集，并将其空间化形成隐患空间分布图，形成技术报告和隐患清单。

第五节　评估结果与制图

重点对海岸防护工程、渔港、海水养殖区、滨海旅游区进行评估，评估结果需经过多级质检、核查后，由当地主管部门组织验收并征求当地承灾体主管行业部门意见。成果包括以下四个方面。

（1）国家尺度、省尺度、县尺度海洋灾害隐患调查数据库。

（2）国家尺度、省尺度、县尺度海洋灾害隐患空间分布图。

（3）国家尺度、省尺度、县尺度海洋灾害风险隐患调查工作报告。

（4）国家尺度、省尺度、县尺度海洋灾害风险隐患调查技术报告。

重点隐患评估应综合考虑我国沿海地区的海洋灾害风险、承灾体特点、防御标准、减灾能力等差异，保障资料收集、现场调查、隐患判定、结果核验等调查步骤内容的客观性，确保资料数据可靠，调查分析严谨，排查结果符合客观现状。海洋灾害重点隐患调查隐患点分布图示例如图 5-1 所示。

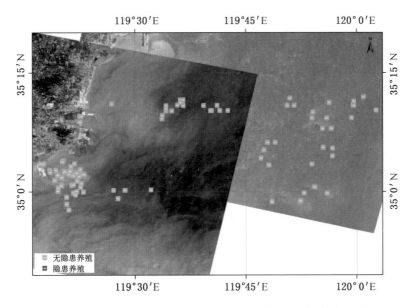

图 5-1 日照市岚山区海洋灾害重点隐患调查隐患点分布图

第六章 海洋灾害风险评估与区划和防治区划定

第一节 评估操作流程

一、风暴潮

(一) 国家尺度危险性区划

脆弱性评估：以沿海县（市、区）为单元，按照每个县的人口和经济将每个县的风暴潮灾害脆弱性划分为高（Ⅰ级）、中高（Ⅱ级）、中（Ⅲ级）、中低（Ⅳ级）、低（Ⅴ级），分别形成基于人口和经济的风暴潮灾害脆弱性等级分布图。

风险评估：分别评价人口和经济两类承灾体的风暴潮灾害风险等级。以沿海县（市、区）为单元，综合考虑风暴潮灾害危险性（H，值域为1、2、3、4）和脆弱性（V，值域为1、2、3、4、5）等分布，计算风暴潮灾害风险等级。

(二) 省尺度风险评估与区划

脆弱性评估：以土地利用现状一级类区块单元作为脆弱性评估空间单元，根据不同一级土地利用类型斑块所占面积比例确定沿海乡镇脆弱性等级。若评估单元内有重要的承灾体，或者有因风暴潮灾害产生严重次生灾害的承灾体，根据实际情况调整评估单元脆弱性等级。

风险评估：以沿海乡镇为单元，选取单元内危险性最高等级岸段为该单元危险性等级，基于风暴潮灾害危险性等级和脆弱性等级评估结果综合确定评估单元风险等级。

风险区划：风暴潮灾害风险区划分为Ⅰ级（高风险）、Ⅱ级（较高风险）、Ⅲ级（较低风险）、Ⅳ级（低风险）四级。基于省尺度风暴潮灾害风险等级分布图，综合考虑风险等级分布空间同质性、行政区划、地理空间分布，形成不同风险等级区，并列出各风险等级区所包含的乡镇行政单元。

（三）县尺度风险评估与区划

脆弱性等级评估：以土地利用现状二级类区块单元作为脆弱性评估空间单元，根据不同二级土地利用类型斑块所占面积比例确定社区（村）脆弱性等级。若评估单元内有重要的承灾体，或者有因风暴潮灾害产生严重次生灾害的承灾体，根据实际情况调整评估单元脆弱性等级。

风险评估：依据研究区域内的风暴潮危险性和脆弱性分析结果，综合确定评估单元风险等级。

应急疏散图制作：以受风暴潮灾害影响的沿海乡镇（街道、社区）为单元，结合风暴潮可能引发的淹没范围及水深分布，分析应急疏散需求，对评估区域内避灾点进行适用性评价，提出避灾点改进建议以及确定是否需要增加或扩建避灾点，规划应急疏散路径，分区域编制应急疏散图，按优先原则推荐可行性疏散路径，并列表对疏散路径进行详细说明。

风险区划：将风暴潮灾害风险区划分为Ⅰ级（高风险）、Ⅱ级（较高风险）、Ⅲ级（较低风险）、Ⅳ级（低风险）四级。基于县尺度风暴潮灾害风险等级分布图，综合考虑风险等级分布空间同质性、行政区划、地理空间分布，形成不同风险等级区，分析不同等级风险区所包含的社区（村）。

二、海浪

考虑到近海及大洋海浪主要承灾体（船舶）活动区域的不确定

性，国家及省尺度评估与区划工作只针对海浪危险性来开展，市（县）尺度的评估与区划才涉及海浪风险的评估与区划。考虑的主要承灾体为近岸海域固定承灾体，如港口码头区、旅游度假区、海水养殖区等。

（一）国家尺度海浪灾害危险性区划

海浪灾害危险分为四级，计算每个格点的海浪灾害危险指标 H_w，并将其进行归一化处理，归一化后的危险指数表示为 H_{wn}，根据 H_{wn} 确定每个格点上的海浪灾害危险等级。基于 GIS 系统，制作完成我国近海海域的海浪灾害危险区划图，分辨率为 $0.5°×0.5°$。

（二）省尺度海浪灾害危险性区划

海浪灾害危险分为四级，计算每个格点的海浪灾害危险指标 H_w，并将其进行归一化处理，归一化后的危险指数表示为 H_{wn}，根据 H_{wn} 确定每个格点上的海浪灾害危险等级。基于 GIS 系统，制作完成各省管辖海区的海浪灾害危险区划图，分辨率为 $0.1°×0.1°$。

（三）市（县）尺度海浪风险评估与区划

由于截止到目前，市（县）尺度海浪风险评估与区划的相关技术导则还未正式发布，因此这里给出的评估与区划方法仅可用于参考。在实际工作中，应以最新发布的海浪风险评估与区划技术导则中的评估方法为准。

依据所评估市（县）海洋功能区划以及近岸海域承灾体（如港口码头区、旅游度假区、海水养殖区等）的性质和重要性、所评估县的沿海地区海水养殖和渔业人口密度分布、海水养殖和渔业经济密度分布、海水养殖和渔业产值分布等指标，将近岸海域海浪灾害承灾体的脆弱性等级划分为六级，划分方法见表6-1。近岸海域海浪灾害承灾体的脆弱性等级是从海水养殖和渔业人口密度分布、海水养殖和渔业经济密度分布、海水养殖和渔业产值分布三个指标中选取脆弱性等级最高者。

根据近岸海域内的近岸海浪灾害危险性等级和承灾体脆弱性等级的分析结果，按照式（6-1）计算近海海域的海浪灾害风险指数。

表 6-1　近岸海域海浪灾害承灾体的脆弱性等级划分

脆弱性等级	海水养殖和渔业人口密度分布/(人·km^{-2})	海水养殖和渔业经济密度分布/(万元·人$^{-1}$)	海水养殖和渔业产值分布/元
I	≥500	≥5	≥20 亿
II	400~500	3.0~4.0	5 亿~20 亿
III	300~400	2.0~3.0	1 亿~5 亿
IV	200~300	1.0~2.0	5000 万~1 亿
V	100~200	0.5~1.0	100 万~5000 万
VI	<100	<0.5	<100 万

$$R = H \times V \qquad (6-1)$$

式中　R——近岸海域海浪灾害风险指数；

　　　H——近岸海域海浪灾害危险性等级；

　　　V——近岸海域海浪灾害承灾体脆弱性等级。

依据近岸海域海浪灾害风险指数确定市（县）尺度近岸海域海浪灾害风险等级，划分方法见表 6-2。

表 6-2　市（县）尺度近岸海域海浪灾害风险等级划分

风险等级	I	II	III	IV
R	$1 \leqslant R < 6$	$6 \leqslant R < 12$	$12 \leqslant R < 18$	$18 \leqslant R \leqslant 24$

以受海浪灾害影响的沿海市（县）所对应的岸段为基本单元，按照表 6-2 将近岸海域海浪灾害风险区划分为 I 级（高风险）、II 级（较高风险）、III 级（较低风险）、IV 级（低风险）四级。

三、海啸

（一）国家尺度危险性评估与区划

海啸灾害危险性评估与区划分为 I 级（高危险）、II 级（较高危险）、III 级（较低危险）、IV 级（低危险）四级。危险性区划以县为基本单元，基于沿海岸段危险性等级分布，原则上选取评估单元内所有岸段中的最高危险等级作为该单元区划危险性等级。

（二）省尺度风险评估与区划

包括脆弱性评估、风险评估和海啸灾害风险区划。

脆弱性评估：以土地利用现状一级类区块单元作为脆弱性评估空间单元，确定一级类空间单元的脆弱性等级。根据不同一级土地利用类型斑块所占面积比例确定沿海乡镇脆弱性等级。

风险评估：以沿海乡镇为单元，选取单元内危险性最高等级岸段为该单元危险性等级，基于海啸灾害危险性等级和脆弱性等级评估结果，综合确定评估单元风险等级。

风险区划：依据风险评估结果，以沿海乡镇为基本单元，将海啸灾害风险区划分为Ⅰ级（高风险）、Ⅱ级（较高风险）、Ⅲ级（较低风险）、Ⅳ级（低风险）四级。

（三）县尺度风险评估与区划

脆弱性等级评估：以土地利用现状二级类区块单元作为脆弱性评估空间单元，确定二级类空间单元的脆弱性等级。根据不同二级土地利用类型斑块所占面积比例确定社区（村）脆弱性等级。

风险评估：依据研究区域内的海啸危险性和脆弱性分析结果确定评估单元风险等级。

应急疏散图制作：以受海啸灾害影响的沿海乡镇（街道、社区）为单元，结合海啸可能引发的淹没范围及水深、流速分布，分析应急疏散需求，分区域编制应急疏散图，按优先原则推荐可行性疏散路径，并列表对疏散路径进行详细说明。

海啸灾害风险区划：依据风险评估结果，以沿海社区（村）为基本单元，将海啸灾害风险区划分为Ⅰ级（高风险）、Ⅱ级（较高风险）、Ⅲ级（较低风险）、Ⅳ级（低风险）四级。

四、海平面上升

基于海平面上升的风险形成机制，分别从危险性和脆弱性两个方面对海平面上升风险进行评估，风险指标体系构建见表6-3。海平面上升的危险性主要考虑自然因素的影响，评估海平面变化、潮汐特征、地面高程状况和海岸状况四个方面；考虑到海平面上升及其引发的次生灾害会对社会经济产生一定的影响，主要从人口和经济两个方面分别评估海平面上升的脆弱性。

综合考虑指标确定的目的性、系统性、科学性、可比性和可操作性原则，分别按照海平面变化、潮汐特征、地面高程状况、海岸状况、人口、经济等风险因子，选取相应的指标描述海平面上升风险。

表6-3 海平面上升风险评估指标

因子层		指标层
危险性	海平面变化	海平面上升速率（mm/a）
	潮汐特征	平均潮差（cm）
	地面高程状况	高程低于5米的沿海地区面积占比（%）
	海岸状况	海岸线类型和稳定性
脆弱性	人口	居民总数（万人）/人口密度（万人/km^2）
	经济	GDP（亿元）/地均GDP（亿元/km^2）

脆弱性评估：海平面上升的脆弱性评估主要考虑沿海地区的社会和经济状况，分别选用人口和经济作为脆弱性指标。获取各县级行政单元的指标数值，利用分级赋值法和加权平均法计算各评估单元的脆弱性指数值。

脆弱性指数计算模型的计算式为

$$V = \sum_{i=1}^{n} V_i b_i \tag{6-2}$$

式中　V——脆弱性指数；

V_i——脆弱性评估的第 i 个指标；

b_i——第 i 个脆弱性指标的权重系数；

n——脆弱性指标的个数。

风险指数计算：根据得到的危险性和脆弱性指数值，利用风险计算公式计算得到各评估单元的风险指数值，风险值的大小即反映了该评估单元风险程度的高低。

风险指数计算模型的计算式为

$$SLRI = H^{\alpha} \times V^{\beta} \tag{6-3}$$

式中　$SLRI$——海平面上升的风险指数；

H——危险度指数；

V——脆弱性指数；

α——危险度指数的权重系数；

β——脆弱性指数的权重系数。

风险区划：为了沿海各级政府科学应对海平面上升可能带来的影响，根据计算的海平面上升风险值的大小和中国沿海地区海平面上升及影响的现状，设置海平面上升风险等级划分标准，国家和省尺度将各评估单元的海平面上升风险由高到低划为Ⅰ级（高风险）、Ⅱ级（较高风险）、Ⅲ级（较低风险）和Ⅳ级（低风险）四级，划分方法见表6-4。

表6-4　海平面上升风险等级划分

风险等级（程度）	Ⅰ级（高风险）	Ⅱ级（较高风险）	Ⅲ级（中等风险）	Ⅳ级（低风险）
风险值	>1.0	0.9~1.0	0.8~0.9	<0.8

五、海冰

（一）国家尺度

包括划分评估范围和评估单元、获取评估指标值、海冰灾害风险区划和图件制作4个方面。

划分评估范围和评估单元：近岸海域（12 n mile 以内）及其沿岸以地（市）级行政区域岸段为基本评估单元进行评估；根据我国结冰海区的油田（群）及石油平台实际分布状况，将结冰海区海上油气开采区（主要是渤海）划分为辽东湾北部、辽东湾南部、渤海湾北部、渤海湾西部、渤海湾南部及黄河三角洲、渤海中部以及莱州湾东部7个基本评估单元进行评估。

获取评估指标值：分别建立自然致灾因子评估指标体系和经济社会活动评估指标体系，确定两类因子不同等级评估指标的自重权数和系数，计算出各自的等级权数，形成海冰灾害风险综合评估体系，确定海冰灾害风险评估值。评估指标体系由海冰自然致灾因子和评估海区主要经济社会活动组成。其中，自然致灾因子包括冰厚、冰期和密集度等，数据来源为致灾孕灾要素调查；经济社会活动包括交通运输、油气开采、海水养殖、海洋（岸）工程和有人居住海岛等，数据来源为其他部委提供。

海冰灾害风险区划：海冰灾害风险区划应按照高风险（Ⅰ级）、较高风险（Ⅱ级）、较低风险（Ⅲ级）和低风险（Ⅳ级）四级进行划分。依据海冰灾害风险评估值和海冰灾害风险等级，并适当结合历史典型海冰事件的灾害状况和防灾减灾的具体要求确定评估海区海冰灾害风险等级分布。

图件制作：形成海冰灾害风险等级图和区划图，国家尺度编制比例尺不低于1∶100万。

（二）省尺度

包括划分评估范围和评估单元、获取评估指标值、海冰灾害风险区划和图件制作4个方面。

划分评估范围和评估单元：近岸海域（12 n mile 以内）及其沿岸以县（市、区）级行政区域岸段为基本评估单元进行评估；12 n mile 以外海域原则上不予考虑。

获取评估指标值：分别建立自然致灾因子评估指标体系和经济社会活动评估指标体系，确定两类因子不同等级评估指标的自重权数和系数，计算出各自的等级权数，形成海冰灾害风险综合评估体系，确定海冰灾害风险评估值。评估指标体系由海冰自然致灾因子和评估海区主要经济社会活动组成。其中，自然致灾因子包括冰厚、冰期和密集度等，数据来源为致灾孕灾要素调查；经济社会活动包括交通运输、油气开采、海水养殖、海洋（岸）工程和有人居住海岛等，数据来源为其他部委提供。

海冰灾害风险区划：海冰灾害风险区划应按照Ⅰ级（高风险）、Ⅱ级（较高风险）、Ⅲ级（较低风险）和Ⅳ级（低风险）四级进行划分。依据海冰灾害风险评估值和海冰灾害风险等级，并适当结合历史典型海冰事件的灾害状况和防灾减灾的具体要求确定评估海区海冰灾害风险等级分布。

图件制作：形成海冰灾害风险等级图和区划图，省尺度编制比例尺不低于1∶25万。

第二节 结 果 与 制 图

一、风暴潮

风暴潮灾害风险评估和区划成果包括报告与图集。其中，图集包括：

（1）全国风暴潮灾害经济风险等级分布图。

（2）全国风暴潮灾害人口风险等级分布图。

（3）省尺度、县尺度沿海风暴潮灾害危险性等级分布图。

（4）省尺度、县尺度沿海风暴潮灾害风险等级分布图。

（5）国家、省、县尺度沿海风暴潮灾害危险性区划图。

（6）县尺度风暴潮灾害应急疏散图。

二、海浪

海浪灾害风险评估和区划成果包括报告与图集。其中，图集包括：海浪灾害危险性区划图。

三、海啸

海啸灾害风险评估和区划成果包括报告与图集。其中，图集包括：

（1）脆弱性等级分布图。以计算网格为单元，用Ⅰ级、Ⅱ级、

Ⅲ级、Ⅳ级表征评估区域内海啸灾害脆弱性等级大小。

（2）风险等级分布图。以计算网格为单元，用Ⅰ级、Ⅱ级、Ⅲ级、Ⅳ级表征评估区域的风险等级大小。

（3）风险区划图。用Ⅰ级、Ⅱ级、Ⅲ级、Ⅳ级表征评估区域内行政单元的风险等级大小。

（4）应急疏散图。图中应突出避灾点、疏散路径、交通路线等要素。疏散图幅面是以街道、社区区划单元为基准。疏散挂图的幅面一般以 A0 或更大幅面，疏散图集以 A3 幅面为基准。

四、海平面上升

海平面上升灾害风险评估和区划成果包括报告与图集。其中，图集包括：

（1）评估单元海平面上升脆弱性分布图。
（2）评估单元海平面上升风险程度分布图。
（3）海平面上升风险等级分布图。
（4）海平面上升风险等级区划图。

五、海冰

海冰灾害风险评估和区划成果包括报告和图集。其中，图集包括：

（1）沿海海冰灾害脆弱性等级分布图。
（2）渤海油气开采区海冰灾害脆弱性等级分布图。
（3）沿海海冰灾害风险区划图。

第三节　示例与注意事项

风暴潮灾害危险性等级分布图示例如图 6-1 所示。
海浪灾害危险性区划图示例如图 6-2、图 6-3 所示。
海啸灾害风险评估和区划相关图件示例如图 6-4 至图 6-6 所示。

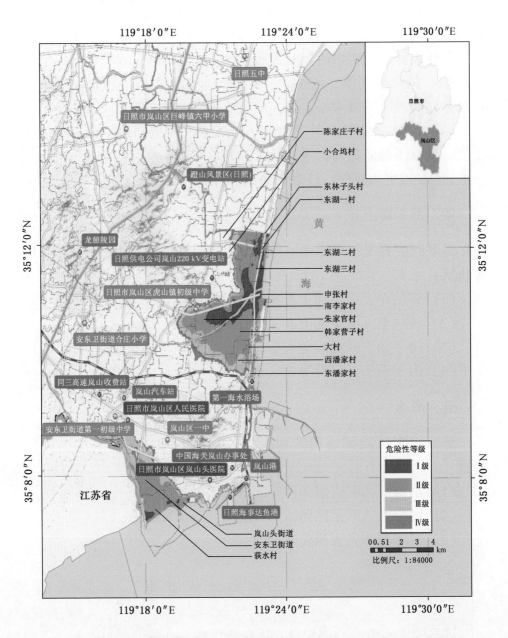

图 6-1　日照市岚山区风暴潮灾害危险性等级分布图

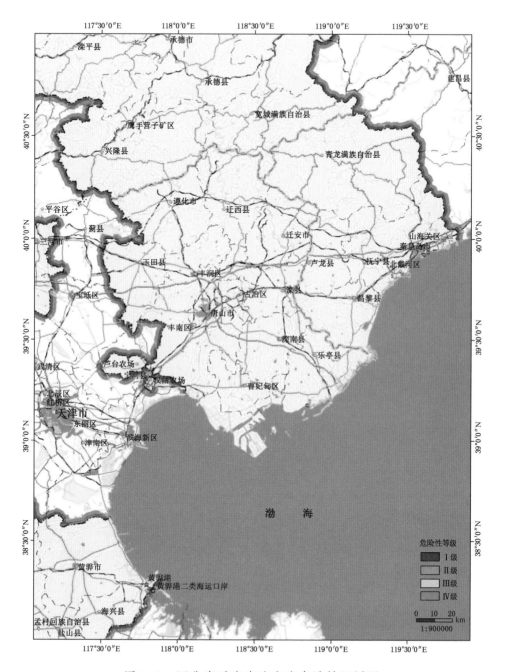

图6-2 河北省近海海浪灾害危险性区划图

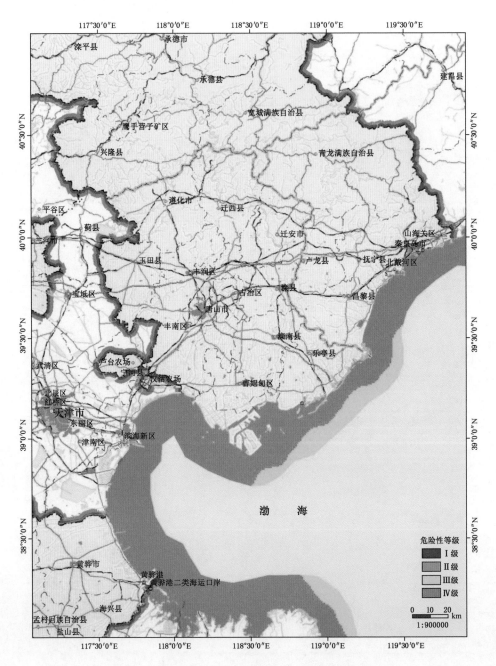

图6-3　河北省近岸海域海浪灾害危险性区划图

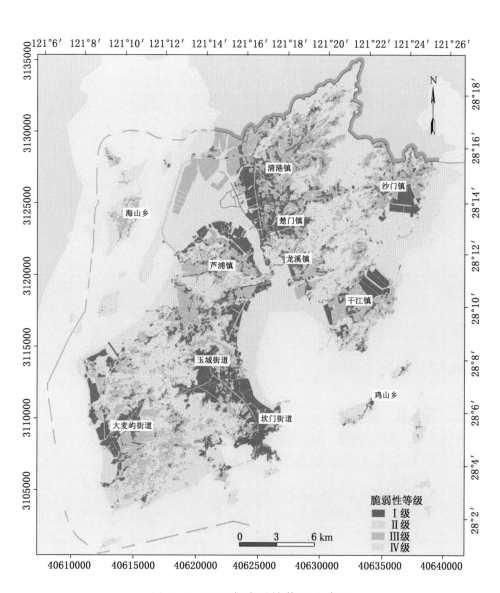

图 6-4 玉环市脆弱性等级分布图

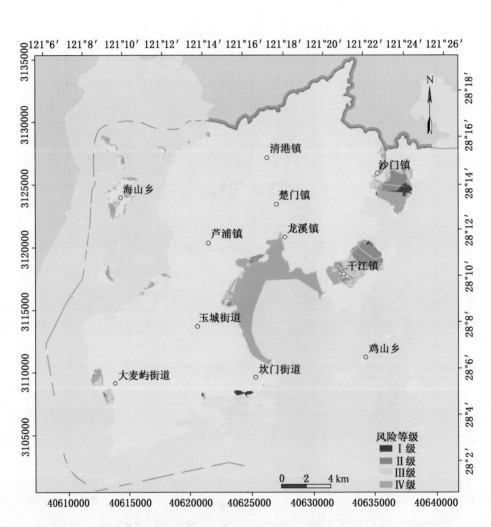

图 6-5　玉环市海啸灾害风险区划图

　　国家级海平面上升风险区划以区县级行政区为评估单元，省级以乡镇级行政区为评估单元，评估结果中行政区名称必须与国家权威部门发布的行政区名称保持一致。

图 6-6   玉环市沙门镇海啸应急疏散图

依据海平面上升风险区划评估方法，计算各评估单元风险指数和风险等级，制作风险等级图，示例如图 6-7 所示。

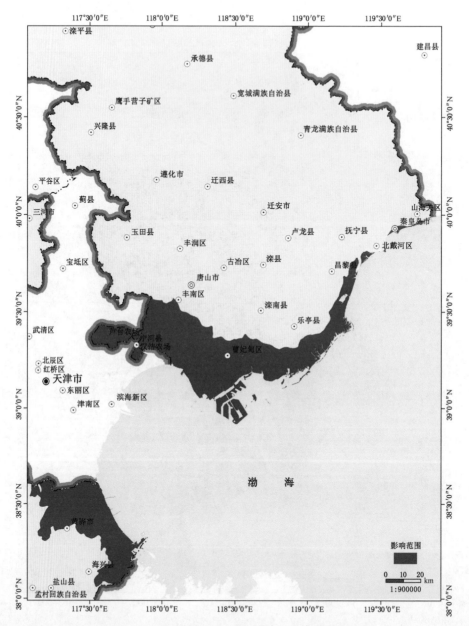

图 6-7 河北省海平面上升最大可能影响范围

　　按照《海洋灾害风险制图规范》要求，绘制相关图件，示例如图 6-8 至图 6-10 所示。

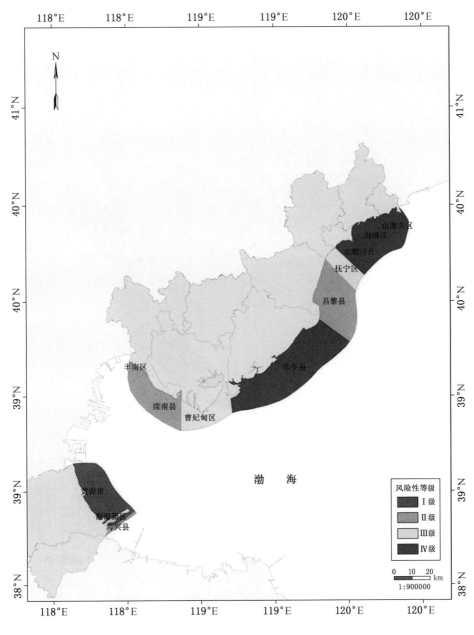

图 6-8　河北省海冰灾害风险区划图

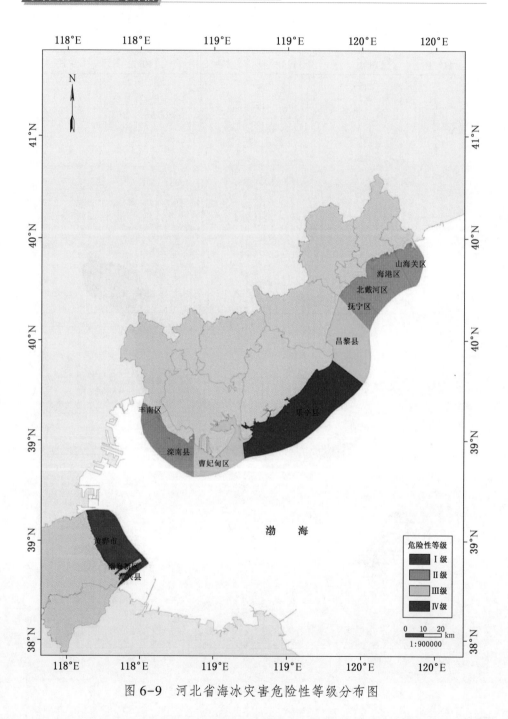

图6-9 河北省海冰灾害危险性等级分布图

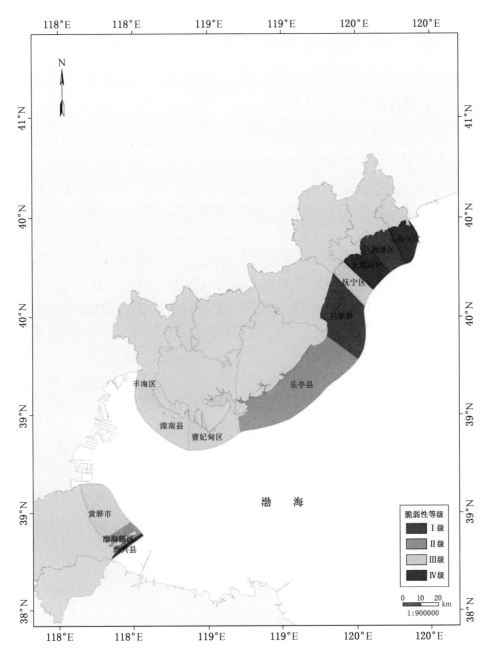

图 6-10 河北省海冰灾害脆弱性等级分布图

第四节　海洋灾害防治区（重点防御区）划定

一、操作流程

（1）选择危险性评估结果。在选择县尺度海洋灾害危险性评估结果基础上，分析历史海洋灾害影响特征与分布，考虑历史海洋灾害发生频次、强度，基于海洋灾害危险性评估结果，选择影响区域最具代表性的危险性分布结果进行海洋灾害防治区（重点防御区）划定。

（2）防治区（重点防御区）范围确定。综合考虑历史灾害情况、经济和人口分布、灾害隐患调查、综合减灾能力调查以及灾害风险评估信息。合理考虑向陆一侧和向海一侧防治区（重点防御区）范围，同时征求地方行政管理部门意见，合理确定县尺度海洋灾害防治区（重点防御区）。

（3）现场勘验与征求意见。对划定结果进行实地勘验，征求地方相关行业部门意见，并与划定区域历史海洋灾害影响范围进行对比分析。

二、结果与制图

海洋灾害防治区（重点防御区）划定依据《海洋灾害风险制图规范》制图，编制国家尺度比例尺不低于 1∶100 万、省尺度比例尺不低于 1∶25 万、县尺度比例尺不低于 1∶5 万的海洋灾害风险评估与区划以及防治区（重点防御区）系列成果图集。

三、注意事项

海洋灾害防治区（重点防御区）划定只针对风暴潮开展。

第七章 成果审核与汇交

第一节 任务分工

自然资源部海洋预警监测司负责全国海洋灾害风险普查成果质量审核、汇总工作的组织和指导；各级自然资源（海洋）管理部门负责本地区普查数据与成果质量审核和汇交。

国家海洋标准计量中心负责牵头起草普查数据与成果质量审核规范；自然资源部海洋减灾中心、国家海洋环境预报中心、国家海洋信息中心、自然资源部北海局负责对国家尺度普查任务进行质量控制和成果汇交。

自然资源部各海区局负责所辖各沿海省（自治区、直辖市）的普查数据成果质量审核，组织所辖各沿海省（自治区、直辖市）完成数据成果汇交。

各级数据审核任务见表7-1。

表7-1 各级数据审核任务

序号	分类	数据与成果	县	地市	省	海区	国家
1	致灾调查	风暴潮	□	■	□■	■	□
2		海啸	□	■	□■	■	□
3		海浪	—	—	□	■	□
4		海平面上升	□	■	□■	■	□
5		海冰	—	—	□	□■	□
6	重点隐患		□	■	■	■	□

115

表 7-1（续）

序号	分类	数据与成果	县	地市	省	海区	国家
7	风险评估与区划	风暴潮	□	■	□■	■	□
8		海啸	□	■	□■	■	□
9		海浪	—	—	□	■	□
10		海平面上升	—	—	□	■	□
11		海冰	—	—	□	□■	□

□审核本级　■审核下级

第二节　工　作　要　求

一、数据采集

各级自然资源（海洋）管理部门负责组织有关部门、调查对象（所在）单位和调查技术支撑单位等进行本级调查任务的数据采集工作。数据采集工作应明确相关方的职责任务和工作机制，广泛开展普查工作宣传，将数据填报的内容、注意事项以及普查对象的权利和义务等相关事项提前告知普查对象，安排技术支撑单位做好数据采集期间的技术支持和咨询服务。

海洋灾害风险普查数据调查方式主要有三种：资料收集、现场调查和对象填报。承担调查任务的单位为调查责任主体，应组成调查队并对调查人员进行必要培训，依据相关技术规程开展调查，实施任务全过程质量控制，所有调查填报记录和原始资料存档备查。

调查对象（所在）单位为填报责任主体，应有专人负责填报，保证按时、准确填报，所有原始资料应存档备查。坚持填报主体独立报送的原则，数据填报、补报和修改等均需由各填报主体完成。

各调查填报主体应严格按照相关技术规范说明填报数据，并保证所填报数据完整规范、数据来源真实可靠。填报主体可登录全国海洋灾害风险普查信息系统在线录入或使用电子表格、纸质调查表等方式填报数据后，由调查人员批量录入至普查信息系统中。调查资料为纸质报表的，经录入电子文件或系统后，必须由非录入人员进行人工校对。

各调查填报主体应对其填报的数据表进行全面检查。确定填报数据无误后，调查填报主体在纸质数据表（汇总表）上盖章确认并存档。全面检查包括但不限于软件系统自动检查、人工检查和专家检查等方式，必要时应综合采用多种方式，以保证数据的真实、准确，并符合完整性、规范性要求。经检查无误的数据连同盖章确认件，按照预定路径汇总报至本级自然资源（海洋）管理部门。管理部门组织有关调查技术支撑单位编制图件报告等成果。

二、数据和成果审核

各级自然资源（海洋）管理部门接收正式汇总报送的本级及所辖区域的数据与成果，按照《全国海洋灾害风险普查数据与成果质量审核规范》对其进行质量审核。为确保公正，调查单位和填报单位不应作为相应数据成果的质量审核单位。

（一）审核方法

1. 软件自动检查

将调查数据录入全国海洋灾害风险普查信息系统，通过软件系统的质检审核功能进行自动检查，发现数据中存在的错误，实现对海浪、海啸、海冰、风暴潮、海平面等各类型灾害调查数据以及重点隐患排查和风险评估区划成果的在线质检与核查，确保入库数据成果的完整性、规范性、一致性与合理性。

2. 人工检查

根据《全国海洋灾害风险普查实施方案》及有关质检标准或要求，利用参考资料对数据、图件和报告进行检查（可结合专家的知识和经验），检查内容主要包括：任务完成情况、数据成果材料的完整性，文档内容的完整性和规范性、相关属性内容的正确性以及制图数据的规范性等。

（二）审核要点

1. 准确性

主要检查调查数据和评估成果的准确性，包括：调查数据精度的准确性是否满足对应的精度要求；对空间数据图形的拓扑关系正确性进行检查，要求空间图形、图层间和图层内不存在悬挂点、重叠、相交、缝隙等拓扑错误等。

2. 完整性

主要检查调查范围的完整性、数据的完整性和成果文件的完整性，具体包括：调查对象数据范围是否完整覆盖任务区，不存在缺漏情况；调查对象数据是否采集完整，不存在应采未采的缺漏情况；成果文件格式是否正确，是否完整，是否存在少交、漏交部分文件的情况等。

3. 规范性

主要检查数据成果的规范程度，包括：调查数据、成果图件和报告是否符合《全国海洋灾害风险普查实施方案》及相关标准规范的要求；数据成果的属性字段数量、字段名称、字段类型、字段长度等属性精度是否与本规范要求一致。

4. 一致性

主要检查数据图形成果属性和空间位置的一致性，判断数据成果的图形与属性之间、图形与图形之间、属性与属性之间的关联性、规律性和逻辑关系；检查调查成果中的空间信息与属性表的描述是否一致，以"天地图"作为空间坐标基准；检查基础底图服务、行政区划数据与调查对象数据三者空间位置是否一致。

5. 合理性

主要检查数据和评估区划成果的合理性，包括灾害类别和发生地核查、时间合法合理性检验、数据阈值比较、奇异值和极值检验等。

（三）审核过程

各级填报用户通过全国海洋灾害风险普查信息系统填报本级数据

时，该系统的质检审核模块自动对数据进行初步检查，保证全部数据进行软件自动检查。在自动检查中发现问题需进行修改，全部无误后才可在线提交审核。

1. 审核

审核由管理部门组织实施，可吸收技术专家成立审核组。审核员将检查中发现的问题通过全国海洋灾害风险普查信息系统在线出具审核意见并反馈。被审核部门组织开展数据修改工作并作说明，及时将修正后的调查成果和修改说明上报，直至相关内容审核通过。审核应对调查成果进行一定比例的抽样复核，主要检查调查成果的完整性和数据成果的准确性，包括调查数据精度、调查对象空间信息的准确性和调查指标数据的正确性。可根据需要安排现场复查。

在针对样本调查表进行复核时，检查如发现错误数据项占该表总数据项的比例大于等于 10% 时，则判定该样本调查表不合格，该类调查数据需重新修改和重新审核，重新修改需提交修改说明。

各级管理部门要在本级和辖区的所有数据成果审核检查完毕后，编制质量审核报告，盖章后通过系统上报。

2. 重点检查

根据审核发现的问题和线索，针对重要和典型问题组织开展重点检查，根据实际需要确定检查区域范围和成果范围。重点检查的方法与审核相同，但不一定要抽样；重点检查可组织下级单位进行。

第三节 审 核 流 程

各级自然资源（海洋）管理部门对海洋灾害风险普查数据成果的质量审核原则上按以下流程进行。

一、县（区）级管理部门

（一）数据审核

县（区）级管理部门组织对本级数据成果及任务质量控制报告

进行数据填报和质量审核。检查原始资料、盖章确认件等是否齐全、完整；检查所有数据成果的完整性、规范性、合理性、一致性，调查对象完整性、拓扑关系等。针对本级所有数据成果类型，按照相关性随机抽取 20% 的调查数据项进行抽样复核。

（二）数据修改

县（区）级管理部门在线出具审核意见，若审核意见不合格则连同不合格数据退回原报送单位限期修改，修改完成后重新审核，直到所有问题数据修改无误为止。

（三）数据上报

县（区）级管理部门对本级普查数据成果进行审核和修改完毕后，编制本级海洋灾害风险普查数据成果质量检查报告，连同本级普查形成的数据、图件、报告，通过全国海洋灾害风险普查信息系统上报到市级管理部门。

二、市级管理部门

（一）数据接收

市级管理部门通过全国海洋灾害风险普查信息系统接收所辖各县（区）的普查数据成果。

（二）数据审核

市级管理部门汇总所辖区域内调查成果进行质量审核。针对各县级部门的所有调查成果类型，按照相关性随机抽取 15% 的调查数据项进行抽样复核（经省级管理部门同意可调低比例，但不应小于5%）。

市级管理部门在线出具审核意见，若审核意见不合格则连同不合格数据返回原报送单位，限期修改后重新上报，直到合格为止。

（三）数据上报

市级管理部门对所辖各县（区）级普查数据成果进行质量审核后，编制市级海洋灾害风险普查数据成果质量审核报告，连同各县（区）普查形成的数据、图件、报告，通过全国海洋灾害风险普查信息系统上报到省级管理部门。

三、省级管理部门

（一）数据接收

省级管理部门通过全国海洋灾害风险普查信息系统接收所辖各市的普查数据成果。

（二）数据审核

省级管理部门汇总本级和辖区各级报送数据成果。检查本级原始资料、盖章确认件等是否齐全、完整，针对本级数据成果，按照相关性随机抽取不少于20%的调查数据项进行抽样复核；针对辖区下级报送的所有调查成果类型，按照相关性随机抽取不少于10%的调查数据项进行检查。针对重要和典型问题可组织开展重点检查。

通过全国海洋灾害风险普查信息系统出具审核意见，若审核意见不合格则连同不合格数据返回原报送单位，要求限期修改后重新上报，直到合格为止。

（三）数据上报

省级管理部门对本级和所辖区域普查数据成果经审核和修改完毕后，编制省级数据成果质量检查报告、省级汇交数据成果质量审核报告，连同本级和所辖区域普查形成的数据、图件、报告等，通过全国海洋灾害风险普查信息系统上报到相应自然资源部海区局。

四、自然资源部海区局

（一）数据接收

自然资源部各海区局通过全国海洋灾害风险普查信息系统接收辖区范围内各省的普查数据成果。

（二）数据审核

海区局对各省级管理部门报送的调查数据成果进行质量审核。针对各省级部门上报的所有调查成果类型，按照相关性随机抽取5%的调查数据项进行抽样复核。检查重点是调查数据、评估结果、风险制图等成果的质量。针对重要和典型问题可组织开展重点检查。

海区局在线出具并反馈审核意见，若审核意见不合格则连同不合格数据返回原报送单位，要求限期修改重新上报，直到合格为止。海区局编制海区海洋灾害风险普查数据成果质量审核报告，通过全国海洋灾害风险普查信息系统上报自然资源部。

五、自然资源部

（一）数据接收

自然资源部通过全国海洋灾害风险普查信息系统接收全国沿海各省级普查数据成果和海区质量审核报告。国家尺度的风暴潮、海浪、海啸、海平面上升、海冰等灾害风险评估和区划以及重点隐患调查评估、防治区划等任务的承担单位通过全国海洋灾害风险普查信息系统提交相关图件、报告。

（二）数据审核

自然资源部建立海洋灾害风险普查数据成果质量审核工作组，协调开展国家级数据成果质量审核工作。

针对国家尺度数据组织质量审核，就所有调查成果类型，随机抽取 20% 进行抽样复核。以上检查结束后，不合格调查成果由原报送单位限期修改后重新提交，直到合格为止。

海洋灾害风险普查数据成果质量审核工作组编制国家尺度数据质量检查报告和行业数据成果质量审核报告。

附录一　名　词　解　释

1. 风暴潮　storm surge

由热带气旋、温带天气系统、海上飑线等风暴过境所伴随的强风和气压骤变而引起的局部海面振荡或非周期性异常升高（降低）现象称为风暴潮。

注：风暴潮中局部海面振荡或非周期异常升高现象称为风暴增水，简称增水；风暴潮中局部海面振荡或非周期异常降低现象称为风暴减水，简称减水。

2. 最大风暴潮　peak surge

一次风暴潮过程中的逐时增水的最大值称为最大风暴潮，也称为最大风暴增水。

3. 风暴潮灾害　disaster of storm surge

由风暴潮、天文潮和海浪等因素相互叠加作用引起的沿岸涨水造成的灾害统称为风暴潮灾害。

4. 警戒潮位　warning water level

防护区沿岸可能出现险情或潮灾，需进入戒备或救灾状态的潮位既定值称为警戒潮位。

5. 风暴潮灾害风险评估　risk assessment of storm surge disaster

综合考虑风暴潮危险性、承灾体脆弱性以及防灾能力等，对风暴潮灾害风险进行评价估算的过程称为风暴潮灾害风险评估。

6. 风暴潮灾害风险区划　risk zoning of storm surge disaster

基于风暴潮灾害风险评估结果，综合考虑行政区划，对风暴潮灾害风险进行基于空间单元的划分称为风暴潮灾害风险区划。

7. 海冰　sea ice

所有在海上出现的冰统称为海冰，除由海水直接冻结而成的冰外，它还包括来源于陆地的河冰等。

8. 海冰灾害　sea ice disaster

海冰灾害指由海冰引起的影响到人类在海岸和海上活动实施和设施安全运行的灾害，特别是造成生命和资源、财产损失的事件。如港口码头封冻、海上设施和海岸工程损坏、水产养殖受损等。

9. 海冰灾害风险　risk of sea ice disaster

海冰灾害发生及其造成损失的可能性称为海冰灾害风险。

10. 海冰灾害风险评估　risk assessment of sea ice disaster

对可能发生的海冰灾害及其造成的后果进行评定和估计称为海冰灾害风险评估。

11. 海冰灾害风险区划　risk zoning of sea ice disaster

基于海冰灾害风险评估结果，对海冰灾害风险程度进行空间区域等级划分与综合称为海冰灾害风险区划。

12. 海浪　ocean wave

由风引起的海面波动现象称为海浪。主要包括风浪和涌浪。

13. 有效波波高　significant wave height

将某一时段连续测得的波高序列从大到小排列，排序后前1/3个波高的平均值称为有效波波高，也称为1/3大波波高。

14. 灾害性海浪　disastrous wave

近岸海域有效波高大于等于2.5 m或近海海域有效波高大于等于4 m的海浪称为灾害性海浪。

15. 海浪灾害危险性评估　hazard assessment of wave disaster

综合考虑历史上灾害性海浪的发生强度、发生频次、发生频率、时间分布及空间分布等特征，给出的海浪灾害危险的定量评价称为海浪灾害危险性评估。

16. 海浪灾害风险评估　risk assessment of wave disaster

综合考虑海浪灾害危险性和承灾体脆弱性给出的海浪灾害风险的定量评价称为海浪灾害风险评估。

17. 海浪灾害风险区划　risk zoing of wave disaster

在海浪灾害风险定量评估的基础上，对海浪灾害风险进行的空间区域单元上的综合与划分称为海浪灾害风险区划。

18. 海平面上升　sea level rise

在全球变暖背景下海水膨胀、极地冰盖和陆源冰川融化引起全球平均海平面的升高，以及由于气温、海温、气压、海流、季风、径流、降水以及地面沉降等的作用，导致的局地平均海平面升高称为海平面上升。

19. 海平面上升风险　risk of sea level rise

在一定条件下和一定时期内海平面上升发生的可能性与其可能产生的各种后果称为海平面上升风险。

20. 海平面上升风险评估　risk assessment of sea level rise

对海平面上升风险程度进行定量或定性的分析和评估称为海平面上升风险评估。

21. 海平面上升风险区划　risk zoning of sea level rise

基于海平面上升风险评估的结果，对海平面上升风险进行空间区域单元上的划分称为海平面上升风险区划。

22. 海平面上升危险性　hazard of sea level rise

海平面上升对沿海地区造成的潜在危险称为海平面上升危险性，其主要考虑自然因素的作用，由危险因子活动规模（强度）和活动频次（概率）等决定。

23. 海平面上升脆弱性　vulnerability of sea level rise

沿海地区人口和经济受海平面上升影响的脆弱程度称为海平面上升脆弱性，其主要考虑在给定的区域内存在的所有人和财产由于潜在的危险因素造成的伤害或损失程度。

24. 海啸　tsunami

由海底地震、火山喷发或水下塌陷和滑坡等激起的长波形成的来势凶猛且危害极大的巨浪称为海啸。

25. 局地海啸　local tsunami

海啸源距离受海啸破坏性影响的区域约 100 km 以内的海啸称为局地海啸。

26. 海啸灾害承灾体　exposure of tsunami disaster

直接受到海啸灾害影响和损害的人类及其活动所在的社会与各种资源的集合称为海啸灾害承灾体，包括沿海人口、房屋、农作物及其他植被、养殖区、船舶航运、堤防、港口码头及其他工程设施等。

27. 海啸波幅　tsunami amplitude

海啸波峰（波谷）和未受扰动的海面水位高度之差的绝对值称为海啸波幅。

28. 海啸源　tsunami source

生成海啸的点或区域称为海啸源，通常是在发生地震、火山喷发、滑坡等造成大规模快速的水体变形区域。

29. 裂流　rip current

由海浪不均匀破碎导致的辐射应力变化和波增水压力梯度共同作用在海岸线至碎波带区域产生的射束式水流称为裂流。

30. 有效波高　significant wave height

将某一时段连续测得的波高序列从大到小排列，排序后前 1/3 个波高的平均值称为有效波高。

31. 裂流灾害　rip current hazard

因裂流导致人员伤亡造成的灾害称为裂流灾害。

32. 深水网箱　offshore net cage

可布置在开放型或半开放型海域进行养殖生产，并能抵抗一定强度台风浪袭击的网箱称为深水网箱，其箱体网衣依靠箱体上端的浮力和箱体下端的重力来维持垂直扩张。

33. 隐患　latent dangers

存在确定性客观条件或防范能力缺陷的潜在危险因素称为隐患。

34. 渔港　fishery port

具有码头、防波堤、锚地、港池等水工建筑物，用于渔船停泊装卸、补给和暂避风浪的港口称为渔港，包括专用渔港和多用途港口。

附录二 常见问题解答

1. 海洋灾害的普查范围是什么？

海洋灾害风险普查在全国 11 个沿海省（自治区、直辖市）开展，主要针对风暴潮、海浪、海啸、海平面上升、海冰 5 个灾害种类。涉及海水养殖区、渔港、海岸防护工程及滨海旅游区四类承灾体。

2. 海洋灾害风险调查的主要内容是什么？

海洋灾害风险调查包括海洋灾害致灾调查评估和海洋灾害重点隐患调查评估。致灾调查评估是针对风暴潮、海浪、海啸、海平面上升、海冰 5 个种类海洋灾害的自然要素信息进行调查，对相关资料进行整理和分析。利用调查数据，分析研究灾害强度、发生频率等，评估各类海洋灾害危险性，制作相关图件。重点隐患调查评估是针对沿海防护工程（海堤）、滨海旅游区、渔港、设施渔业四类海洋灾害主要承灾体，调查其受灾类型、位置、范围、程度、属性以及隐患可能造成的影响后果等。需充分考虑海洋灾害影响特征及调查区域工程防护能力及重要承灾体分布，确定海洋灾害隐患区（点）。整合分析隐患调查成果，形成隐患数据表单及数据集，并将其空间化形成隐患空间分布图。

3. 海洋灾害风险调查的主要技术手段是什么？

（1）致灾孕灾要素调查评估。通过收集 5 个种类海洋灾害致灾孕灾要素数据，进行数据的标准化处理，分析和评估数据资料在空间连续性和时间连续性以及资料的完整和可用，形成能够满足开展海洋灾害致灾孕灾要素成果数据集。使用数值模拟、风暴潮淹没范围及水深计算、海浪典型重现期计算、海平面上升分析与预测、潮汐特征分析、地面高程状况分析、岸段海岸状况分析等方法进行各类海洋灾害的危险性分析。

（2）重点隐患调查。海洋灾害重点隐患分为致灾孕灾类隐患和主要承灾体类隐患。致灾孕灾类隐患根据当地海堤防潮标准、警戒潮位、平均高潮位和排查区域的高程，按照相关技术标准，判定海洋灾害隐患区（点）；主要承灾体类隐患根据海洋灾害对海上承灾体的影响特征，向海一侧承灾体主要考虑海水养殖区、渔船渔港和滨海旅游区，分别依据相应技术标准进行判定。

4. 海洋灾害风险调查的组织实施方式是什么？

自然资源部负责开展国家尺度风暴潮、海浪、海啸、海冰和海平面上升5个灾种海洋灾害致灾孕灾要素调查和危险性评估；负责海洋灾害重点隐患排查工作的总体指导和顶层设计，制定排查工作方案和相关技术标准，开展海洋灾害隐患评估和排查关键技术研究工作，汇总及编制全国海洋灾害隐患排查成果。自然资源部各海区局负责本海区技术指导和任务监管。

沿海各省级政府牵头，所属省海洋减灾主管部门组织开展辖区范围内省尺度5个灾种以及县尺度风暴潮和海啸灾害致灾孕灾要素调查和危险性评估，并汇总审核本省各县级尺度工作成果；同时负责本省的海洋灾害重点隐患排查工作的实施，结合地方实际分解落实工作方案和实施计划，细化各项任务到地区、到年度、到部门，负责组织开展工作进度及成果的审查。各沿海县（市、区）级政府负责具体实施，依照工作方案和相关技术规范开展海洋灾害隐患排查工作，编制排查成果并上报省级政府。

5. 海洋灾害风险调查的主要成果有哪些？主要应用领域和方向是什么？

主要成果有风暴潮、海浪、海啸、海平面上升、海冰等海洋灾害致灾孕灾要素标准成果数据集；海洋灾害危险性评估成果图集；相关危险性评估技术报告；海洋灾害隐患调查数据库、隐患空间分布图、隐患调查工作报告和技术报告等成果。

主要应用在为全国各级政府有效开展海洋灾害防治和应急管理工作、切实保障社会经济可持续发展提供权威的灾害风险信息和科学决策依据。

6. 海洋灾害风险评估与区划的主要内容是什么？

主要内容为国家和省尺度风暴潮、海浪、海啸、海平面上升、海冰等的灾害风险评估与区划以及县尺度风暴潮和海啸灾害风险评估工作。通过划分各级别主要海洋灾害和综合海洋灾害风险区，科学划定国家、省、县尺度海洋灾害防治区（重点防御区），形成国家尺度不低于1：100万、省尺度不低于1：25万、县尺度不低于1：5万海洋灾害风险评估与区划以及海洋灾害防治区（重点防御区）系列图。

7. 海洋灾害风险评估与区划的主要技术手段是什么？

以县为基本单元，基于沿海岸段危险性等级分布，进行危险性区划。风险评估与区划通过脆弱性评估、风险评价、风险区划完成。脆弱性评估是指以土地利用现状一级类区块单元作为脆弱性评估空间单元，根据不同一级土地利用类型斑块所占面积比例确定沿海乡镇脆弱性等级。风险评价以沿海乡镇为单元，选取单元内危险性最高等级岸段为该单元危险性等级，基于风暴潮灾害危险性等级和脆弱性等级评估结果综合确定评估单元风险等级。风险区划是基于省尺度风暴潮灾害风险等级分布图，综合考虑风险等级分布空间同质性、行政区划、地理空间分布，综合形成不同风险等级区。

8. 海洋灾害风险评估与区划的组织实施方式是什么？

自然资源部负责开展国家尺度风暴潮、海浪、海啸、海冰和海平面上升5个灾种风险评估和区划，省级政府组织开展辖区范围内省尺度5个灾种风险评估和区划以及县尺度风暴潮和海啸灾害风险评估和区划、防治区（重点防御区）划定，并汇总审核本省各县级尺度工作成果。自然资源部各海区局负责本海区技术指导和任务监管。

9. 海洋灾害风险评估与区划的主要成果有哪些？主要应用领域和方向是什么？

　　主要成果有国家、省尺度的风暴潮、海浪、海啸、海平面上升、海冰5个种类海洋灾害风险评估和区划图集；县尺度的风暴潮和海啸风险评估和区划图集；国家、省、县尺度的海洋灾害防治区划图。

　　主要应用在为全国各级政府有效开展海洋灾害防治和应急管理工作、切实保障社会经济可持续发展提供权威的灾害风险信息和科学决策依据。

图书在版编目（CIP）数据

海洋灾害风险调查与评估／国务院第一次全国自然灾害综合风险普查领导小组办公室编著．－－北京：应急管理出版社，2021

第一次全国自然灾害综合风险普查培训教材

ISBN 978－7－5020－9154－5

Ⅰ.①海… Ⅱ.①国… Ⅲ.①海洋—自然灾害—普查—中国—技术培训—教材 Ⅳ.①P73

中国版本图书馆 CIP 数据核字（2021）第 244107 号

海洋灾害风险调查与评估

（第一次全国自然灾害综合风险普查培训教材）

编　　著	国务院第一次全国自然灾害综合风险普查领导小组办公室
责任编辑	孟　楠
编　　辑	孔　晶　田　苑
责任校对	孔青青
封面设计	罗针盘

出版发行　应急管理出版社（北京市朝阳区芍药居 35 号　100029）
电　　话　010－84657898（总编室）　010－84657880（读者服务部）
网　　址　www.cciph.com.cn
印　　刷　北京盛通印刷股份有限公司
经　　销　全国新华书店

开　　本　710mm×1000mm¹∕₁₆　**印张**　9¹∕₄　**字数**　117 千字
版　　次　2021 年 12 月第 1 版　2021 年 12 月第 1 次印刷
社内编号　20211056　　　　　　　**定价**　36.00 元